Louis Figuier

Les Poudres de guerre

Les Merveilles de la science

ISBN : 978-1533427052

10 9 8 7 6 5 4 3 2 1

Louis Figuier

Les Poudres de guerre

Les Merveilles de la science

Table de Matières

INTRODUCTION

Les contes ridicules qui sont débités par les écrivains français sur l'origine de la poudre à canon, sont un triste témoignage des préjugés qui remplissent encore l'histoire des sciences, et de l'état chétif dans lequel a vécu jusqu'à ce jour cette branche de nos connaissances. Nos historiens les plus graves continuent à attribuer à Roger Bacon la découverte de la poudre, et au moine Berthold Schwartz la création de l'artillerie. S'ils veulent cependant faire preuve de connaissances plus précises à ce sujet, ils se hâtent d'ajouter que l'artillerie a été mise en usage pour la première fois, par les Vénitiens, au siège de Chiozza, en 1380, et qu'en France, un seigneur allemand fit présent à Charles VI de six pièces d'artillerie de fer, qui furent employées, en 1382, à la bataille de Rosbecque contre les Gantois. Quand ils veulent enfin obtenir un brevet d'érudition spéciale sur la matière, nos écrivains abordent les récits du feu grégeois, et c'est alors qu'arrivent toutes ces belles histoires sur ce terrible feu « qui embrasait avec une horrible explosion des bataillons, des édifices entiers » [1] ; — que l'eau nourrissait au lieu de l'éteindre[2] ; — « que l'on ne pouvait éteindre que par le sable ou le vinaigre » [3] ; enfin, dont la composition s'est perdue au XIVe siècle, et n'a jamais été retrouvée.

On se demande, à la lecture de tant d'assertions erronées, comment on a pu altérer et obscurcir à ce point une question. Nous allons nous attacher ici, en nous appuyant sur les travaux les plus récents et les plus authentiques, à la présenter sous son véritable jour.

De tout temps, dès la plus haute antiquité, le feu a été l'un des moyens d'attaque en usage à la guerre. Les écrivains grecs et latins nous ont transmis la description de certains mélanges inflammables qu'on lançait à l'ennemi avec des machines, ou que l'on attachait aux flèches et aux dards.

Il résulte des textes de plusieurs historiens, tels que Thucydide (423 ans avant J.-C), Æneas le Tacticien (336 ans avant J.-C), Végèce et Ammien Marcellin, écrivains militaires latins du IVe siècle après J.-C, que plusieurs siècles avant notre ère, des mélanges de matières combustibles furent employés dans les sièges, comme agents offensifs, soit par les assiégeants, soit par les

Louis Figuier

défenseurs. Tout le monde sait que l'huile et la poix bouillantes étaient jetées, du haut des remparts, sur les assaillants, dans les guerres des anciens peuples. Il faut ajouter que des compositions véritablement incendiaires venaient se joindre à ces moyens de défense. Nous citerons comme exemple le passage suivant du livre d'Æneas le Tacticien.

« Pour produire un embrasement inextinguible, dit Æneas, prenez de la poix, du soufre, de l'étoupe, de la manne, de l'encens et des ratissures de ces bois gommeux dont on fait les torches : allumez ce mélange et jetez-le contre l'objet que vous voulez réduire en cendres. »

Dans le chapitre précédent, Æneas recommande, si l'ennemi a mis le feu aux machines, d'arroser ces machines avec du vinaigre ; et il ajoute que non-seulement le vinaigre éteindra le feu, mais qu'on ne le rallumera qu'avec peine. Héron d'Alexandrie, Philon, l'architecte romain Vitruve, indiquent le même expédient, et prescrivent de tremper dans le vinaigre les cuirs et les matelas dont les machines doivent être couvertes.

Hâtons-nous de dire que cette branche de l'art de la guerre fit peu de progrès en Europe ; mais qu'il en fut autrement en Asie. Les mélanges incendiaires, qui avaient été déjà employés en Orient avant l'expédition d'Alexandre, reçurent dans ces contrées, un développement extraordinaire ; ils devinrent l'arme principale des combats.

Au VIIe siècle après J.-C, les feux de guerre furent transportés chez les Grecs du Bas-Empire. Ils passèrent de là chez les Arabes. On connaît tous les avantages que retirèrent les Grecs du Bas-Empire, dans leurs guerres maritimes, de ces mélanges combustibles, qui prirent alors le nom de *feu grec* ou de *feu grégeois*. Durant la période des croisades, les Arabes d'Afrique employaient contre les chrétiens ces mélanges inflammables, qui produisaient sur leurs ennemis l'impression d'une profonde terreur.

Le feu grégeois ne fut jamais, entre les mains des Grecs du Bas-Empire, comme dans les mains des Arabes, qu'un moyen de provoquer ou de propager l'incendie, qu'une manière de multiplier les formes sous lesquelles le feu peut être employé comme agent offensif dans les combats. Mais il finit par se répandre en Europe, et dès lors une révolution complète s'opéra dans ses usages. On apprit, dans l'Occident, à extraire le salpêtre des terres où il se trouve tout formé, on réussit à le purifier ; ajouté aux ingrédients primitifs des mélanges incendiaires, le salpêtre accrut énormément leur puissance combustible. Enfin la propriété explosive de certains mélanges à base de salpêtre, fut reconnue, on l'appliqua à l'art de lancer au loin des projectiles, et c'est ainsi que vers la moitié du XIVe siècle, l'artillerie à feu prit naissance en Europe.

Telle est, résumée en quelques traits, l'histoire générale de la poudre de guerre. À cette question : « Quel est l'auteur de la découverte de la poudre ? » — question si souvent posée et en des termes si divers, — on ne peut donc répondre que par cette autre question de Voltaire : « Qui le premier inventa le bateau ? » Personne n'a découvert la poudre, ou pour mieux dire tout le monde l'a découverte. C'est à la suite de perfectionnements successifs lentement apportés à la préparation des mélanges incendiaires, que se sont révélées, entre les mains des hommes, la propriété explosive de ces mélanges et leur force de projection. Ce n'est donc qu'après plusieurs siècles d'expériences et d'efforts que l'on a pu créer cet agent terrible qui, en déplaçant, dans les armées, le siège de la force, vint révolutionner l'art des combats.

En retraçant sommairement l'histoire de l'origine et des premiers emplois de la poudre à canon, nous avons indiqué par cela même le plan de cette Notice. Toutefois il est nécessaire, avant d'aller plus loin, d'établir à quelles sources ont été puisés les faits qui vont nous occuper. En 1845, MM. Reinaud et Favé ont publié sous ce titre : *Du feu grégeois et des feux de guerre*, un ouvrage d'une excellente érudition, rempli de consciencieuses recherches. L'interprétation des textes arabes et l'étude attentive des auteurs grecs et latins qui ont laissé des ouvrages de pyrotechnie ont permis à MM. Reinaud et Favé de jeter un grand jour sur la nature des mélanges incendiaires employés en Orient, et sur l'origine de notre poudre à canon. Les mêmes notions ont été développées dans les premières pages d'un livre que nous aurons à invoquer bien des fois : *Histoire des progrès de l'artillerie*, par le colonel Favé[4]. Antérieurement, M. Ludovic Lalanne, dans un mémoire couronné par l'Académie des inscriptions et belles-lettres, avait su, par une heureuse combinaison de textes originaux, éclaircir l'histoire du feu grégeois, et fournir des renseignements pleins d'intérêt sur les effets de cette composition célèbre. Enfin, M. Lacabane, dans une dissertation sur l'*Introduction en France de la poudre à canon*, publiée en 1844 dans la *Bibliothèque de l'École des chartes*, a mis au jour d'utiles documents sur cette dernière question.

Ces travaux remarquables ont fait justice d'erreurs que les siècles avaient consacrées. Malheureusement, leur forme un peu aride avait empêché le public et les savants eux-mêmes, d'en bien apprécier toute l'importance, et nous serons heureux si le résumé que nous en donnerons offre assez de précision et de clarté pour dissiper les préjugés nombreux qui continuent de régner sur l'histoire des poudres de guerre.

CHAPITRE PREMIER

EMPLOI DES FEUX DE GUERRE CHEZ LES ORIENTAUX. — LEUR INTRODUCTION EN EUROPE AU VIIE SIÈCLE. — COMPOSITION DU FEU GRÉGEOIS. — MOYENS EMPLOYÉS PAR LES GRECS DU BAS-EMPIRE POUR LANCER LE FEU GRÉGEOIS DANS LES COMBATS MARITIMES.

La plupart des grandes inventions qui commencèrent, au moyen âge, l'affranchissement moral de l'humanité, sont originaires de l'Orient. Écloses sous le ciel de l'Asie, elles y demeurèrent pendant des siècles entiers, dans un état d'enfance ; mais une fois établies sur le sol de l'Europe, secondées dès lors par l'active imagination et le génie des Occidentaux, elles ne tardèrent pas à s'y perfectionner et à recevoir des applications étendues. Toutes ces créations nouvelles, qui devaient transformer les forces actives de la société, et changer ainsi la destinée des peuples, existaient en germe dans l'orient de l'Asie. La nature, si féconde sous le beau ciel de ces contrées, offrait spontanément à l'observation de l'homme, certains faits qui, pour ainsi dire, apportaient avec eux leurs conséquences visibles. L'esprit des Orientaux les saisit de bonne heure, mais il fut impuissant à rien ajouter à ces données élémentaires. Arrêtées dès leur naissance, ces premières notions sommeillèrent pendant dix siècles. Il fallait les facultés actives des nations européennes pour en retirer tout le parti que l'on devait en attendre. Telle est l'histoire de l'invention de l'imprimerie, de la découverte de la boussole, de la fabrication du papier ; telle est aussi l'histoire de ces mélanges incendiaires qui, en usage chez les Orientaux dès les temps les plus reculés, ne reçurent qu'en Europe les modifications et les perfectionnements divers qui devaient donner naissance à la poudre à canon des temps modernes.

Le naphte, l'huile de naphte et quelques autres combustibles de la même nature, sont, en Asie, des produits naturels fort abondants ; il est donc tout simple que les Orientaux aient eu de bonne heure la pensée de les employer comme moyens offensifs. Mélangés avec des substances grasses ou résineuses, avec du goudron, des huiles et autres corps combustibles, ils servaient à préparer diverses compositions inflammables, que les Chinois, les Indiens et les Mongols ont consacrées, depuis des temps reculés, aux usages de la guerre. Ces mélanges combustibles, contenant des corps gras et poisseux, avaient la propriété d'adhérer aux objets contre lesquels on les projetait, et constituaient ainsi un moyen dangereux d'attaque. Si l'on considère, d'ailleurs, que la sécheresse et la chaleur du climat de l'Asie rendaient ces agents de guerre plus efficaces et plus désastreux, on comprendra que les compositions de ce genre soient bientôt devenues d'un usage général chez les Chinois, les Indiens et les Mongols.

Cependant on a beaucoup exagéré le degré de perfection auquel les feux de guerre seraient parvenus chez les Chinois. Le père Amyot, dont les nombreux écrits contribuèrent tant, au XVIIIe siècle, à révéler à l'Europe, les arts, l'industrie et l'histoire de la Chine[5], le savant Abel Rémusat[6], ont voulu établir que tous les emplois actuels de la poudre avaient été connus dans le Céleste Empire ; et que dès le XIe siècle après J.-C, on y faisait usage de canons. MM. Reinaud et Favé ont parfaitement prouvé, contrairement à l'opinion du P. Amyot, que toutes les connaissances pyrotechniques des Chinois se réduisaient au pétard et à la fusée, dont ils tiraient parti dans les feux d'artifice, et que leurs moyens de guerre se bornaient aux mélanges combustibles. Le P. Amyot nous a laissé une longue description des diverses machines qui servaient, chez les Chinois, à jeter les compositions incendiaires. Les *flèches de feu*, les *nids d'abeilles*, le *tonnerre de la terre*, le *feu dévorant*, la *ruche d'abeilles*, le *tuyau de feu*, etc., étaient autant d'instruments ou d'engins destinés à lancer des flammes contre l'ennemi. Seulement la date précise du premier emploi de ces machines, n'est pas connue.

La *fusée*, ou une *flèche à feu* produisant l'effet d'une fusée, paraît avoir été en usage chez les Chinois dès l'année 969 après Jésus-Christ.

« L'an 969 après Jésus-Christ, dit le P. Amyot, seconde année du règne de *Tai-Tsou*, fondateur de la dynastie des *Sing*, on présenta à ce prince une composition qui allumait les flèches et les portait loin[7]. »

Selon M. Favé, cet engin devait produire l'effet de nos fusées de guerre. Les Chinois auraient donc les premiers employé la fusée. Mais n'oublions pas que la substance incendiaire enfermée dans les tubes de carton dont faisaient usage les Chinois et qui constituaient leur fusée, ne contenait pas de salpêtre, et n'était pas, par conséquent, susceptible de produire des effets explosibles. Quant à la date précise de l'invention de cet engin de guerre, on doit le fixer d'après le passage du P. Amyot que nous venons de citer, au Xe siècle après J.-C.

Chez les Indiens, les feux d'artifice étaient connus depuis un temps immémorial ; ils faisaient partie des réjouissances publiques. On a trouvé, dans des contrées très-reculées des Indes, où les Européens n'avaient jamais pénétré, des espèces de fusées volantes que les naturels employaient à la guerre. L'usage, chez les Indiens, de mélanges de ce genre, remonte aux temps les plus reculés. Un commentaire des *Védas* (livres sacrés des Hindous) attribue l'invention des armes à feu à un artiste nommé Visvacarma, le Vulcain des Indiens, qui fabriqua, selon les livres sacrés, les traits employés dans la guerre des bons et des mauvais génies. Enfin, le code des Gentoux défend l'usage des armes à feu ; or, les lois rassemblées dans cette compilation, datent de la plus haute antiquité, et se perdent même dans la nuit des temps.

Ainsi, ces mélanges combustibles, qui plus tard, en se modifiant, devaient donner naissance à notre poudre à canon, sont originaires de l'Asie, bien qu'il soit impossible de citer avec exactitude la date première de leur emploi. Nous allons maintenant les voir pénétrer en Europe.

CHAPITRE PREMIER

Ce n'est qu'au VIIe siècle après J.-C, que les mélanges incendiaires, depuis si longtemps en usage chez les Orientaux, furent introduits en Europe. Callinique, architecte syrien, avait appris à préparer ces mélanges en Asie. C'est à lui que les Grecs du Bas-Empire durent la connaissance de ces composés, qui furent désignés depuis ce moment sous le nom de *feu grégeois*, et qui devaient exercer une influence si puissante sur les destinées de l'empire d'Orient.

Callinique se trouvait en Syrie lorsque, en 674, pendant la cinquième année du règne de Constantin Pogonat, les Arabes, sous la conduite du calife Mouraïra, vinrent mettre le siège devant Constantinople. Callinique, passant secrètement dans le parti des Grecs, se rendit dans la capitale de l'empire, et vint faire connaître à l'empereur Constantin les propriétés et le mode d'emploi des compositions incendiaires, dont il se dit l'inventeur. Grâce à ce secours inattendu, l'empereur put repousser l'invasion des Sarrasins, qui, pendant cinq années consécutives, revinrent, avec des forces nouvelles et des flottes considérables, mais furent chaque fois contraints de lever le siège.

Depuis le neuvième siècle jusqu'à la prise de Constantinople par les croisés, en 1204, les Byzantins durent au feu grégeois de nombreuses victoires navales, qui retardèrent la chute de l'empire d'Orient. Aussi les empereurs du Bas-Empire apportaient-ils la plus sévère attention à réserver pour leurs seuls États la possession de cet agent précieux. Ils ne confiaient sa préparation qu'à un seul ingénieur qui ne devait jamais sortir de Constantinople, et, selon M. Lalanne, cette fabrication était exclusivement réservée à la famille et aux descendants de Callinique.

La préparation du feu grégeois fut mise au rang des secrets d'État, par Constantin Porphyrogénète, qui déclara infâme et indigne du nom de chrétien celui qui violerait cet ordre.

« Tu dois par-dessus toutes choses, dit l'empereur à son fils, dans son traité de l'*Administration de l'Empire*, porter tes soins et ton attention sur le feu liquide qui se lance au moyen des tubes ; et si l'on ose te le demander comme on l'a fait souvent à nous-même, tu dois repousser et rejeter cette prière, en répondant que ce feu a été montré et révélé par un ange au grand et saint premier empereur chrétien Constantin[8]. Par ce message et par l'ange lui-même, il lui fut enjoint, selon le témoignage authentique de nos pères et de nos ancêtres, de ne préparer ce feu que pour les seuls chrétiens, dans la seule ville impériale, et jamais ailleurs ; de ne le transmettre et de ne l'enseigner jamais à aucune autre nation, quelle qu'elle fût.

« Alors le grand empereur, pour se précautionner contre ses successeurs, fit graver sur la sainte table de l'Église de Dieu des imprécations contre celui qui oserait le communiquer à un peuple étranger. Il prescrivit que le traître fût regardé comme indigne du nom de chrétien, de toute charge et de tout honneur ; que s'il avait quelque dignité, il en fût dépouillé. Il déclara anathème dans les siècles des siècles, il déclara infâme, n'importe quel qu'il fût, empereur, patriarche, prince ou sujet, celui qui aurait essayé de violer une telle loi. Il ordonna en outre à tous les hommes ayant la crainte et l'amour de Dieu, de traiter le prévaricateur comme un ennemi public, de le condamner et de le livrer à un supplice vengeur.

« Pourtant une fois il arriva (le crime se glissant toujours partout) que l'un de nos grands, gagné par d'immenses présents, communiqua ce feu à un étranger ; mais Dieu ne put supporter de voir un pareil forfait impuni, et un jour que le coupable était près d'entrer dans la sainte église du Sauveur, une flamme descendue du ciel l'enveloppa et le dévora. Tous les esprits furent saisis de terreur, et nul n'osa désormais, quel que fût son rang, projeter un pareil crime, et encore moins le mettre à exécution. »

On observa ces injonctions sévères, et le secret de la préparation du feu grégeois resta fidèlement gardé. Quand les princes d'Occident obtinrent de Constantinople le secours de ce feu, au lieu de leur communiquer les recettes de sa préparation, on leur envoyait les navires tout appareillés du produit.

Quelle était la composition du feu grégeois ? Sous quelle forme, par quels artifices particuliers était-il employé à la guerre ?

Le feu grégeois était formé de la réunion de plusieurs substances grasses ou résineuses, d'une combustibilité excessive. Le naphte, le goudron, le soufre, la résine, l'huile, les graisses, les sucs desséchés de certaines plantes, et les métaux réduits en poudre, tels étaient ses ingrédients ordinaires. Selon des recherches particulières, publiées en 1849, par MM. Reinaud et Favé, dans le *Journal asiatique*, le

CHAPITRE PREMIER

salpêtre n'entrait point dans la composition du feu grégeois préparé chez les Grecs du Bas-Empire. Ce n'est que plus tard que les Arabes, ayant appris à retirer ce sel des terres où il se forme naturellement, eurent l'idée de l'ajouter aux matières primitives.

D'après MM. Reinaud et Favé, les recettes pour la préparation du feu grégeois sont citées pour la première fois dans un manuscrit arabe de la bibliothèque de Leyde, qui remonte à l'année 1225, et qui a pour titre : *Traité des ruses de guerre, de la prise des villes et de la défense des défilés, d'après les instructions d'Alexandre fils de Philippe.*

Voici quelques passages extraits de ce manuscrit arabe par MM. Reinaud et Favé, et qui renferment la réussite par la préparation du feu grégeois selon ses différentes applications.

« *Feu qui brûle sur l'eau.* — Tu prendras de la résine ainsi que de la paille et de la poix noire, et tu les feras cuire ensemble ; quand le mélange sera fondu, tu y verseras du naphte blanc ; ensuite tu le répandras dans de l'eau quelle qu'elle soit. Si tu veux que la flamme soit bien pure, il faut ajouter du soufre et de la colophane. »

« *Drapeaux qui servent aux amusements.* — Tu peux faire usage d'une lance dans la forme que je t'ai décrite, et de la grandeur que tu voudras. Tu prendras de l'étoupe, à proportion de la grosseur de l'instrument, et tu en envelopperas la base des fers de lance en recouvrant toute la surface. Tu te procureras des morceaux de peau crue, n'importe l'espèce de peau, pourvu que ce ne soit pas une peau de menu bétail ; tu découperas cette peau en vue des drapeaux que tu veux faire, et tu la couvriras d'un enduit : suivant un auteur, l'enduit est inutile ; ensuite tu y attacheras de l'étoupe. Les morceaux de peau auront des boutonnières, à l'aide desquelles on les fixera au bâton de la canne, sur une étendue de quatre coudées ; ensuite tu arroseras le tout de naphte et tu verseras dessus du soufre, puis tu y mettras le feu, et tu déploieras cet appareil en présence des troupes. Tu feras diverses choses du même genre, selon les indications que j'ai données, s'il plaît à Dieu. »

« *Manière de frapper l'ennemi avec des seringues.* — Prends la partie creuse d'un roseau, que tu couperas empan par empan, disposes-y une garde que tu puisses empoigner.

« Quant au drapeau, à la lance et aux matières dont on les

Louis Figuier

recouvre dans les amusements, tu prendras une longue baguette armée d'une pointe, et cette pointe sera accompagnée de crochets et de quatre… Ensuite tu prendras de l'étoupe, et tu la disposeras à cette surface ; tu arroseras la surface de naphte, et tu répandras dessus du soufre, puis tu y mettras le feu, et tu pousseras la lance en avant. Si tu frappes l'adversaire, tu le blesseras ou tu le brûleras ; si la pointe n'entre pas, tu atteindras du moins l'adversaire, tu le saisiras avec les crochets, tu l'attireras à toi et tu le feras prisonnier, s'il plaît à Dieu. »

« *Autre recette de préparation du feu grégeois.* — Tu prendras du naphte, la quantité que tu voudras, tu le distilleras, de manière qu'il n'y reste ni dépôt, ni bois, ni impureté, ni rien, en un mot, qui soit dans le cas de boucher le tube et son ouverture ; prends ensuite une marmite de première qualité, et creuse dans la terre un fourneau au-dessus duquel tu placeras la marmite ; tu enduiras la marmite d'argile, de manière qu'une étincelle ne puisse en atteindre le sommet et y mettre le feu ; dispose, sur le foyer, un bouclier qui intercepte la flamme. Tu verseras dans la marmite la quantité que tu voudras de naphte distillé ; tu couvriras la tête de la marmite avec une étoffe grossière. Prends ensuite du galbanum, qui n'est autre chose que de la poix liquide ; pour chaque cent cinquante-cinq rotls (livres) de naphte, tu emploieras huit livres et demie de galbanum, avec quinze livres d'huile de graines ; à défaut d'huile de graines, sers-toi de poix. Fais apporter un grand pot de fer dans lequel tu verseras peu à peu du galbanum et des graines, mets en dissolution le galbanum à l'aide des graines, de sorte qu'il ne reste plus que la partie grossière du galbanum ; s'il te reste un peu d'huile de graines, jette-la sur le galbanum en état de dissolution ; tu verseras le tout sur le naphte dans la marmite ; tu couvriras la marmite avec une étoffe grossière, tu allumeras un feu doux en faisant brûler des roseaux un à un, et d'après la quantité déterminée. Ne fais pas beaucoup bouillir le mélange, car tu le consumerais et le gâterais ; quand tu verras que la matière s'est amollie, éteins le feu et laisse refroidir ; décante ensuite la matière dans des vases, ou, si tu aimes mieux, dans des flacons, et fais-en usage dans le besoin. Quand tu voudras te servir de cette composition, tu prendras du soufre en poudre, que tu placeras sur la tête du vase, au-dessus du naphte ; tu le remueras, et tu atteindras ainsi ton ennemi, s'il plaît

CHAPITRE PREMIER

à Dieu[9]. »

Il serait inutile de citer d'autres formules. Les recettes pour la préparation des compositions incendiaires, chez les Grecs du Bas-Empire, se résument toujours, comme on le voit, dans un mélange de soufre et de diverses substances de nature grasse ou résineuse, dont les proportions varient de mille manières.

Quel était le mode d'emploi de ces compositions combustibles pour les usages de la guerre ? Le feu grégeois fut surtout employé chez les Grecs du Bas-Empire, dans la guerre de sièges et dans les combats maritimes. Pendant les sièges, on lançait le feu grégeois avec des balistes, des mangonneaux ou des arbalètes, contre les travaux de défense, les tours de bois, etc., que l'on voulait incendier.

La figure 131 représente l'une des *machines à fronde* qui servaient, au XIIIᵉ siècle, à jeter le feu grégeois contre les portes des villes assiégées. L'inspection de cette figure fait comprendre comment le tonneau plein de matière combustible enflammée, était lancé avec force, et à de grandes distances, au moyen d'une corde enroulée sur un cabestan, et que l'on détendait subitement. À la partie inférieure de ce vaste édifice de bois, on aperçoit des hommes manœuvrant un bélier, qui bat, à coups redoublés, les murs de la forteresse.

Fig. 131. — Machine à fronde, en usage au XIIIᵉ siècle, pour lancer le feu grégeois.

Louis Figuier

Le feu grégeois fut employé également et de bien des manières, pendant les batailles navales. On préparait des brûlots remplis de matières enflammées, qui, poussés par un vent favorable, allaient consumer les vaisseaux ennemis. On disposait aussi sur la proue des navires, de grands tubes de cuivre ou d'airain, à l'aide desquels on lançait le feu grégeois dans l'intérieur des vaisseaux ennemis. En outre, les soldats embarqués à bord des navires, étaient armés de *tubes à main*, qui servaient au même usage. Quelquefois on renfermait le mélange dans des fioles de verre ou dans des pots de terre vernissée, que l'on jetait contre l'ennemi, après en avoir allumé la mèche. C'est ce que montrent clairement les textes originaux sur lesquels M. Lalanne a appelé l'attention dans son mémoire sur le feu grégeois. Voici quelques passages de ces textes curieux.

L'empereur Léon le Philosophe, qui écrivit vers l'an 900, son livre des *Institutions militaires*, donne en ces termes des détails précis sur l'emploi du feu grégeois dans les combats maritimes :

« Nous tenons, tant des anciens que des modernes, divers expédients pour détruire les vaisseaux ennemis ou nuire aux équipages. Tels sont ces feux préparés dans des tubes, d'où ils partent avec un bruit de tonnerre et une fumée enflammée qui va brûler les vaisseaux sur lesquels on les envoie…

« … Vous mettrez sur le devant de la proue un tube couvert d'airain pour lancer des feux sur les ennemis ; au-dessus vous ferez une petite plateforme de charpente entourée d'un parapet et de madriers. On y placera des soldats pour combattre de là et lancer des traits.

« On élève dans les grandes *dromones*[10] des châteaux de bois sur le milieu du pont. Les soldats qu'on y met jettent dans les vaisseaux ennemis de grosses pierres, ou des masses de fer pointues, par la chute desquelles ils brisent le navire ou écrasent ceux qui se trouvent dessous, ou bien ils jettent des feux pour les brûler.

« — Il faut préparer surtout des vases pleins de matières enflammées, qui, en se brisant par leur chute, doivent mettre le feu au vaisseau. On se servira aussi de petits *tubes à main*, que les soldats portent derrière les boucliers et que nous faisons fabriquer nous-mêmes : ils renferment un feu préparé qu'on lance au visage des ennemis… On jette aussi avec un mangonneau de la poix liquide et brûlante, ou quelque autre matière préparée.

« ... Il y a plusieurs autres moyens qui ont été donnés par les anciens, sans compter ceux qu'on peut imaginer et qu'il serait trop long de rapporter ici. Il y en a même tels qu'il est à propos de ne pas divulguer, de peur que les ennemis, venant à les connaître, ne prennent des précautions pour s'en garantir, ou ne s'en servent eux-mêmes contre nous[11]. »

La figure 132 représente un navire couvert portant le feu grégeois. Quelques soldats intrépides s'enfermaient sous cette carapace de bois, et allaient porter contre les flancs du navire ennemi l'élément destructeur.

Fig. 132. — Navire couvert portant le feu grégeois (d'après un manuscrit latin du xiiie siècle).

La figure 133 représente un autre navire, portant, au moyen de deux barres horizontales, des brûlots de feu grégeois que l'on lançait en faisant jouer ces barres de bois comme une fronde.

Un auteur grec ou latin, Marcus Grœchus, qui, selon MM. Reinaud et Favé, aurait écrit vers 1230, mais sur la personnalité duquel on n'a aucun renseignement, a consigné dans un ouvrage spécial, *Livre des feux pour brûler les ennemis* (*Liber ignium ad comburendos hostes*), les moyens dont se servaient les Grecs du

Louis Figuier

Bas-Empire pour incendier les vaisseaux ennemis.

Fig. 133. — Navire portant un baril de feu grégeois (d'après un manuscrit latin du XIIIᵉ siècle).

« Prenez, dit Marcus Grœchus, de la sandaraque pure une livre, du sel ammoniac dissous, même quantité ; faites de tout cela une pâte que vous chaufferez dans un vase de terre verni et luté soigneusement. Vous continuerez à chauffer jusqu'à ce que la matière ait acquis la consistance du beurre, ce qu'il est facile de voir en introduisant par l'ouverture du vase une baguette de bois à laquelle la matière s'attache. Après cela vous y ajouterez quatre livres de poix liquide. On évite, à cause du danger, de faire cette préparation dans l'intérieur d'une maison.

« Si l'on veut opérer sur mer, on prendra une outre, une peau de chèvre, dans laquelle on mettra deux livres de la composition que nous venons de décrire, dans le cas où l'ennemi est à proximité ; on en mettra davantage si l'ennemi est à une plus grande distance. On attache ensuite cette outre à une broche de fer, dont toute la partie inférieure est elle-même enduite d'une matière huileuse ; enfin on place sous cette outre une planche de bois proportionnée à l'épaisseur de la broche, et l'on y met le feu sur le rivage. L'huile s'allume, découle sur la planche, et l'appareil, marchant sur les eaux, met en combustion tout ce qu'il rencontre [12]. »

Ainsi ces brûlots n'avaient pas de mouvement propre, ils

devaient être dirigés par des nageurs ou poussés par le vent ; la broche qui portait les ingrédients inflammables servait ensuite à fixer, par sa pointe, le feu contre les flancs du vaisseau. Comme le remarquent MM. Reinaud et Favé, cette disposition était fort habilement calculée pour le but qu'elle devait atteindre. Une substance enflammée, suspendue au-dessus de la surface de l'eau, protégée par son élévation contre l'atteinte des vagues, et qu'un vent léger suffisait à pousser vers les navires, était sans contredit un moyen d'incendie des plus redoutables, surtout quand on en faisait usage pour la première fois et avant que l'ennemi eût appris à se prémunir contre les attaques de ce genre. « Aujourd'hui, disent MM. Reinaud et Favé, on possède des moyens d'incendie qui agissent à de grandes distances, et l'on n'en connaît peut-être pas d'aussi efficaces à des distances rapprochées. »

L'emploi du feu grégeois avait pris un grand développement dans la guerre maritime, puisque, suivant une chronique anonyme citée par M. Lalanne, le nombre des navires armés de feu grégeois s'éleva jusqu'à deux mille, dans une expédition entreprise, sous Romain le Jeune, contre les Sarrasins de l'île de Crète. Pour bien comprendre d'ailleurs ses effets, il ne faut pas perdre de vue qu'à cette époque, les navires ne pouvaient s'attaquer que de près, et que les combattants en venaient tout de suite à l'abordage.

Le feu grégeois fut également employé, comme nous l'avons dit, dans les combats sur terre ou pour l'attaque des forteresses. Le manuscrit arabe de la bibliothèque de Leyde, cité par MM. Reinaud et Favé, et que nous avons eu déjà l'occasion d'invoquer, fournit les détails suivants sur la manière de faire usage des mélanges incendiaires, pour l'attaque des forteresses ou la destruction des ouvrages des assiégeants.

« *Chapitre des stratagèmes et manière d'assurer les effets du feu.* — Prends, avec la faveur de Dieu et son secours, une certaine quantité de soufre jaune pulvérisé, mets-le dans des jarres vertes en y joignant le même poids de naphte bleu ; tu boucheras la tête des jarres avec du vieux linge, et tu les enterreras dans du crottin frais ; change le crottin dès, qu'il sera refroidi, et cela pendant quarante jours, jusqu'à la fin de l'opération. Prends de la marcassite jaune pilée, mets-la aussi dans les jarres vertes, et joins-y la même quantité d'urine d'enfant ; tu boucheras la tête des jarres avec du vieux linge, tu les enterreras dans du crottin frais, et tu changeras le fumier, quand il se sera refroidi, pendant quarante jours. Prends la marcassite en te couvrant la bouche, comme je t'ai dit de le faire au chapitre de la trempe du fer ; tu retireras ensuite le naphte qui est combiné avec le soufre et qui forme une substance noire tirant sur le vert ; pour la marcassite, elle est devenue noire et en partie consumée. Tu décanteras l'urine et le naphte à part l'un de l'autre et en les passant à un tamis de crin ; tu les mêleras ensuite par portions égales, et tu y joindras le même poids d'un vinaigre fait avec un vin acide et vieux. Mets à part cette composition pour le moment où tu en auras besoin, s'il plait à Dieu.

« Lorsque tu voudras renverser un château, un mur ou toute autre construction, soit de pierre, soit d'une toute autre matière, ordonne aux artificiers de tirer des vases une portion de ce naphte ainsi traité par le soufre, la marcassite, l'urine et le vinaigre de vin ; ils lanceront ce mélange sur l'objet que tu veux détruire. Aie soin de choisir le moment où le vent est tourné contre l'ennemi ; par-là les artificiers ne se trouveront pas en face du vent, exposés à se faire mourir eux-mêmes. Après cela, tu feras avancer d'autres hommes avec du feu et du naphte. En effet, le feu du naphte, lorsqu'il a ressenti les exhalaisons de ce liquide, s'enflamme, s'étend, grandit, et produit un grand bruit avec un sifflement terrible. Le spectacle qui s'offrira à tes yeux sera horrible : tu verras le château, s'il est bâti de quartiers de pierre, s'ébranler et se fendre ; les blocs se précipiteront les uns à la suite des autres avec le bruit du tonnerre et un sifflement épouvantable. Si le château est bâti de pierres et de mortier, tu le verras, au bout d'une heure, démoli et consumé ; s'il reste quelque débris qui ne soit pas brûlé, fais approcher les artificiers avec le liquide préparé et du naphte ; le naphte prendra feu, et ce qui est dans l'intérieur sera consumé. Il s'élèvera une fumée noire et épaisse, et l'ennemi périra à la fois par la puanteur et par l'incendie ; il ne se sauvera que ceux qui auront pris la fuite avant de sentir la mauvaise odeur, et avant que le feu les ait atteints. Personne, pendant trois jours, ne pourra pénétrer sur le théâtre de l'incendie, à cause de sa fumée, de son obscurité et de sa puanteur. Si tu veux mettre en fuite les défenseurs de ce château, ramasse beaucoup de bois à la porte, et attends qu'il souffle un vent violent contre l'édifice ; tu ordonneras aux ouvriers en naphte de lancer du liquide préparé sur le bois ; ensuite ils attaqueront le bois, avec du feu de naphte. Quand les défenseurs du château sentiront l'odeur de cette eau, ils périront, et il ne se sauvera que ceux qui auront pris la fuite.

On ne pourra pas se maintenir un seul instant dans le château à cause de la fumée, de l'obscurité, de l'odeur infecte et de la chaleur. Si la porte du château est de fer et que tu veuilles en forcer rentrée, fais-y lancer de cette eau, puis tu l'attaqueras avec du feu de naphte ; la porte sera brisée, mise en pièces ; elle tombera par terre à l'heure même, s'il plaît à Dieu. »

Fig. 134. — Machine roulante pour attacher le feu grégeois à la porte des forteresses.

La figure 134 représente, d'après le manuscrit latin de la Bibliothèque impériale que nous avons déjà cité, une machine roulante qui, poussée par derrière et mettant à couvert les assaillants, servait à attacher des brûlots incendiaires à la porte des forteresses.

La figure 135, empruntée à la *Pyrotechnie de Hanselet Lorrain*, montre des balles incendiaires que l'on jetait du bord d'un navire, ou du haut des murs d'une ville entourée d'un fossé plein d'eau. Ces balles incendiaires projetées dans l'eau tout allumées, s'y enfonçaient sans s'éteindre, remontaient à la surface, et continuant d'y brûler, allaient mettre le feu aux ouvrages en bois préparés pour le siège et l'escalade ou inquiéter les assiégeants.

Fig. 135. — Balles incendiaires brûlant dans l'eau.

CHAPITRE II

LE FEU GRÉGEOIS INTRODUIT CHEZ LES ARABES AU XIIIE SIÈCLE.
— SON EMPLOI DURANT LES CROISADES. — RÉCITS DES
HISTORIENS. — VÉRITABLES EFFETS DU FEU GRÉGEOIS. — ROGER
BACON N'EST PAS L'INVENTEUR DE LA POUDRE. — TEXTES
CONFIRMATIFS DE CETTE ASSERTION.

Après la prise de Constantinople par les croisés, en 1204, la connaissance du feu grégeois se répandit chez les Arabes. Faut-il penser, avec M, Lalanne, que les infidèles en durent la communication à quelque Grec fugitif, ou peut-être même à l'empereur détrôné Alexis III, qui, retiré, en 1210, à la cour du sultan d'Iconium, en obtint une armée contre les princes grecs de Nicée, et aurait pu de cette manière chercher à payer au sultan son hospitalité ? Il est, selon nous, plus probable que les Arabes empruntèrent aux Chinois l'art des compositions incendiaires. En effet, au VII⁰ siècle, certains rapports avaient commencé de s'établir entre les Arabes et les Chinois ; et ce dernier peuple avait envoyé, au premier siècle de l'hégire, une ambassade à la Mecque. Au VIII⁰ et au IX⁰ siècle de notre ère, les Arabes et les Persans entretenaient avec les Chinois des relations suivies ; ces rapports furent repris au milieu du XIII⁰ siècle, après la conquête de la Chine par les Mongols. Ce fut donc sans doute par cette dernière voie que les Sarrasins, qui avaient tant souffert des mélanges incendiaires, apprirent à leur tour à les manier à leur profit. Quoi qu'il en soit, dès les premières années du XIII⁰ siècle, nous voyons les Arabes en possession du feu grégeois.

Les mélanges incendiaires subirent à cette époque, un perfectionnement fondamental. C'est de ce moment que date l'introduction du salpêtre dans les substances destinées à provoquer et à propager l'incendie.

Le salpêtre est dans plusieurs contrées de l'Asie, mais principalement en Chine et dans les Indes, un produit naturel. Il y prend naissance spontanément, aux dépens des éléments de l'air. Formé à la surface du sol, sur les lieux élevés, il est dissous par les eaux pluviales, qui l'entraînent le long des pentes, dans le fond des vallées : là il pénètre dans l'intérieur du sol ; plus tard, par l'effet de la capillarité, cette dissolution, remontant peu à peu à la surface, y produit des efflorescences salines. Il suffit de recueillir ces terres pour en retirer le salpêtre par un simple lessivage à l'eau. Cette opération, pratiquée de temps immémorial en Chine et dans les Indes, fournit le salpêtre dans un certain état de pureté. Ainsi, dès les temps les plus reculés, les Chinois eurent connaissance de ce sel ; ils observèrent, par conséquent, la propriété dont il jouit de fuser sur les charbons incandescents, c'est-à-dire de les faire brûler

Louis Figuier

avec un très-vif éclat et d'activer la combustion avec une grande énergie. Il est donc tout simple que les Chinois aient eu de bonne heure l'idée d'ajouter le salpêtre à leurs mélanges combustibles.

Il est impossible, selon MM. Reinaud et Favé, de fixer avec exactitude l'époque à laquelle les Arabes empruntèrent aux Chinois la connaissance et l'emploi du salpêtre, et celle où les Chinois eux-mêmes avaient appris à s'en servir. Il est seulement établi qu'avant l'année 1225, date du manuscrit arabe de la bibliothèque de Leyde que nous avons cité plus haut, les compositions salpêtrées n'étaient pas encore en usage. Mais tous les manuscrits arabes postérieurs à cette date, et surtout l'ouvrage de Marcus Grœchus (1230), renferment la description d'un grand nombre de recettes dans lesquelles le salpêtre entre comme agent essentiel.

D'après les formules contenues dans ces traités, le feu grégeois employé était formé de la réunion de diverses substances grasses ou résineuses, auxquelles venaient s'ajouter le salpêtre et le soufre. D'autres recettes prescrivent un mélange de soufre, de charbon et de salpêtre dans toutes les proportions imaginables. On trouve même indiqué parmi ces dernières le mélange de 12, 5 de charbon, 12, 15 de soufre et 75 de salpêtre, qui forme notre poudre à canon.

Marcus Grœchus donne les formules suivantes pour préparer les feux qu'il appelle *feux volants*[13] :

« Huile de pétrole, une livre ; moelle de *couma ferula*, six livres ; soufre, une livre ; graisse de bélier, une livre ; huile de térébenthine, quantité indéterminée.

« Les feux volants, dit encore Marcus, peuvent être faits de deux manières :

« 1° On prend une partie de colophane, autant de soufre, et deux parties de salpêtre ; on dissout ce mélange pulvérisé dans l'huile de lin ou de lamium ; on place ensuite cette composition dans un roseau ou dans un bâton creux, et l'on y met le feu. Aussitôt il s'envole vers le but et incendie tout.

« 2° On prend une livre de soufre pur, deux livres de charbon de vigne ou de saule, six livres de salpêtre ; on broie ces substances avec beaucoup de soin dans un mortier de marbre. On met ensuite la quantité que l'on voudra de cette poudre dans un fourneau destiné à voler dans l'air ou à éclater. »

CHAPITRE II

Les Grecs du Bas-Empire avaient surtout appliqué le feu grégeois à la guerre maritime ; les Sarrasins n'en firent guère usage que dans les combats sur terre ; mais ils le perfectionnèrent beaucoup pour cette application spéciale. Des instruments, des machines, des engins de toutes sortes constituaient chez les Arabes le riche arsenal du feu grégeois. Les mélanges incendiaires étaient devenus pour eux le principal moyen d'attaque ; on avait étendu leur emploi à toutes les armes, à tous les instruments de guerre. Les Sarrasins attachaient le feu grégeois à leurs lances, à leurs boucliers ; ils le lançaient avec des flèches et avec des machines. Le nombre de ces machines était d'ailleurs très-considérable et leur mécanisme très-varié. On employait tour à tour les *arbalètes à tour*, qui lançaient à l'ennemi le mélange enflammé ; — les *machines à fronde*, destinées à jeter divers projectiles remplis de feu grégeois, tels que des pots de terre, des marmites de fer et même des tonneaux ; — les *lances à feu* et les *flèches à feu*, dont les formes et les dispositions variaient beaucoup ; — les *massues à asperger*, espèces de torches armées à leur pointe de feu grégeois brûlant, dont on couvrait son ennemi en brisant sur lui la massue ; — *tubes à main* qui lançaient en avant un jet de matières enflammées à la manière des fusées. En un mot, selon MM. Reinaud et Favé, « chez les Arabes, le feu considéré comme moyen de blesser directement son ennemi, était devenu l'agent principal d'attaque, et l'on s'en servait peut-être de cent manières différentes[14]. »

La figure 136 représente, d'après le manuscrit déjà cité de la Bibliothèque impériale, un *fantassin armé de la lance à feu*.

Un autre moyen qu'ont employé les Arabes, pour jeter le désordre et la terreur dans les armées, consistait à lancer contre les bataillons ennemis, des cavaliers montés sur des chevaux enveloppés de flammes. Nous rapporterons ici un passage de l'ouvrage de MM. Reinaud et Favé qui explique les moyens employés chez les Orientaux pour ce genre d'attaque.

Louis Figuier

Fig. 136. — Fantassin armé de la lance à feu.

« L'invasion des Tartares donna lieu, disent MM. Reinaud et Favé, chez les musulmans de l'Egypte et de la Syrie, à l'emploi d'un autre moyen qui joua un rôle important, et dont les traités arabes d'art militaire parlent assez au long. On sait que, dès la plus haute antiquité, les Indiens firent usage de substances ou de compositions incendiaires pour faire peur aux éléphants, qui composaient jadis dans l'Inde une partie principale des armées. Ces animaux effrayés

CHAPITRE II

répandaient le désordre autour d'eux, et quelquefois il n'en fallait pas davantage pour décider du sort d'une grande bataille. Ce moyen était si bien connu, que lorsque, après les conquêtes d'Alexandre, les éléphants figurèrent dans les armées occidentales, on l'employa chez les Romains. Les musulmans d'Égypte et de Syrie, vivement pressés par les armées de Houlagou, eurent recours à des moyens analogues pour effrayer les chevaux de l'armée ennemie, et même pour brûler les cavaliers. Des artificiers armés de massues à asperger étaient chargés de répandre la terreur et le trouble par le bruit qu'occasionnait la combustion, et par la menace de répandre une matière brûlante sur le cheval et le cavalier ; quelquefois les guerriers portaient sous l'aisselle des flacons de verre remplis de matières incendiaires qu'on lançait sur l'ennemi. Le bout du verre était enduit de soufre. Au moment voulu, on mettait le feu au soufre ; le flacon, en tombant, se brisait, et le cheval avec son cavalier étaient enveloppés de flammes. En même temps on imagina des vêtements imperméables pour garantir les chevaux consacrés à ce service. »

On lit le passage suivant dans le manuscrit arabe delà bibliothèque de Saint-Pétersbourg :

« *Manière d'effrayer la cavalerie ennemie et de la faire fuir.* — Ce procédé est de l'invention d'Alexandre. Tu revêtiras un bornous de poil, et tu y disposeras des clochettes avec du naphte. Voici comment. Tu prendras un cordon auquel tu attacheras des boutons faits d'étoupe ; ce bornous sera imbibé d'huile grasse depuis la tête jusqu'en bas. Au-dessus de la tête, tu placeras un bonnet de fer garni d'un khesmanat de feutre rouge, que tu arroseras de naphte. Tu prendras à la main une massue à asperger, remplie de colophane en poudre, de sésame, de carthame, de touz et de diverses espèces de graines à huile. Au feutre rouge arrosé de naphte et placé sur la tête, on ajoutera des fusées… Le cheval sera revêtu d'une manière analogue : une couverture de poil lui enveloppera la croupe, le poitrail, le cou et le reste du corps jusqu'au jarret. Il sera aussi chargé de fusées… Tu prendras une lance garnie des deux côtés de feutre rouge et de plusieurs fusées. L'étrier sera garni de quelque chose propre à produire un cliquetis, ou de grosses sonnettes. Le cavalier, en s'avançant, mettra le tout en mouvement. Tu marcheras, accompagné de deux hommes à pied, vêtus de noir, et portant des

Louis Figuier

masses à asperger, telles qu'elles ont été décrites. Partout où tu te présenteras, l'ennemi prendra la fuite. Dix cavaliers ainsi équipés feraient fuir une troupe nombreuse. »

MM. Reynaud et Favé donnent, d'après le même manuscrit, d'autres détails sur ce procédé de guerre.

« *Manière de couvrir le cheval et le cavalier.* — On prend du feutre et l'on y applique une préparation protectrice ; puis ce feutre sert de doublure (ou de revêtement extérieur) à la chemise (ou cotte) et aux couvertures (ou caparaçons). Cette préparation se compose de vinaigre de vin, d'argile rouge, de talc dissous, de colle de poisson et de sandaraque. On a soin de bien mouiller la chemise, qui est de gros drap, avant d'y fixer les sonnettes ; on mouille aussi la doublure qui est appliquée sur le drap : cette doublure n'est pas autre chose que le feutre qui a reçu la préparation protectrice. Ce procédé est très-propre à effrayer l'ennemi, surtout lorsqu'il est employé pendant la nuit, car il donne une apparence formidable au groupe qui est ainsi revêtu ; en effet, l'ennemi ne se doute pas de ce qui est caché sous ce déguisement qui offre, pour ainsi dire, un objet d'une seule pièce. C'est une ressource précieuse pour quiconque veut recourir à ce stratagème. Mais, d'abord, il est indispensable de familiariser son cheval avec un équipement si étrange ; autrement, le cheval s'effaroucherait et renverserait son cavalier. Voici le moyen qu'on emploie : On bouche les oreilles du cheval avec du coton, on tient prêtes les fusées… avec les sonnettes, les massues et les lances : on fait détoner un petit madfaa sur le cheval, on fait fuser les fusées… ; ensuite on débouche les oreilles du cheval, l'une après l'autre. Cet essai se fait dans un lieu isolé, pour qu'on ne soit vu de personne. Même quand l'essai est terminé, on ne revêtira les chevaux du caparaçon que dans un lieu à part, et loin de tout regard. Étant ainsi habitués, si l'on veut s'avancer au combat, les chevaux savent où on les mène, et s'animent à l'attaque. S'ils sont poussés contre un corps d'armée, quel qu'il soit, ils le rompent. Mais il faut que, devant chaque cavalier, un homme marche à pied muni d'une massue à asperger. Ce fut le moyen le plus efficace qu'on employa pour repousser Houlagou. Les rois doivent entretenir dans leurs arsenaux ce qui est nécessaire pour en assurer l'effet, surtout contre les ennemis de la religion ; si quelques-uns ont négligé ce moyen, c'est qu'ils n'en ont pas connu la puissance.

CHAPITRE II

Quand le cavalier s'avance vers l'ennemi, les troupes doivent marcher derrière lui : c'est une raison pour qu'il évite de revenir sur ses pas ; autrement le désordre se mettrait dans les rangs, et il s'ensuivrait une défaite. Qu'il marche sans crainte ; personne n'osera s'opposer à lui, ni avec l'épée, ni avec la lance. »

« Il est dit, à la fin du passage, ajoutent MM. Reinaud et Favé, que lorsque l'artificier s'avance vers l'ennemi, toute l'armée doit se mettre en mouvement après lui. C'était pour profiter du désordre qui ne tardait pas à se mettre dans les troupes ennemies. Une autre chose que l'auteur arabe ne dit pas, et à laquelle il fallait veiller, c'est que les matières incendiaires qui devaient jeter la terreur chez l'ennemi devaient être assez bien ménagées pour qu'on eût le temps de produire l'effet voulu avant qu'elles fussent consumées. Pour cela on mesurait la distance que l'artificier avait à franchir ; et si l'on avait des raisons de croire que l'ennemi épargnerait une partie du chemin, on tenait compte de la différence. En pareil cas, la tactique de l'ennemi consistait à déjouer ces calculs. En conséquence, il fallait que le général qui machinait cette espèce de surprise mît le plus grand mystère dans l'opération. C'est ce que fait entendre l'écrivain arabe, quand il dit que, même après que les chevaux étaient suffisamment dressés, on ne devait les revêtir du caparaçon chargé d'artifices que dans un lieu dérobé à tous les regards.

« Voici un exemple sensible de ce qui se pratiquait à cet égard. On était alors dans l'année 699 de l'hégire (1300 de J.-C.). L'armée du sultan d'Egypte en vint aux mains, aux environs d'Émèse en Syrie, avec l'armée de Gazan, khan des Mongols de Perse. Suivant l'historien arabe Makrizi, au moment où l'action allait commencer, Gazan ordonna à ses troupes de rester immobiles, et de ne bouger que lorsqu'il en donnerait le signal. Tout à coup cinq cents mamelouks égyptiens, choisis parmi les artificiers, sortent des rangs de l'armée, leur naphte allumé, et s'élancent de toute la vitesse de leurs chevaux ; mais, au bout d'un certain temps, comme les Mongols étaient restés à leur place, le naphte s'éteint, et les artificiers voient leurs espérances déçues. C'est alors que Gazan commande la charge[15]. »

La figure 137 représente un *char incendiaire*, d'après le même manuscrit.

Louis Figuier

Fig. 137. — Char incendiaire.

La figure 138 représente, d'après le manuscrit cité plus haut, un *cavalier armé de la lance à feu*. L'homme et le cheval sont bardés de fer pour éviter les brûlures par les étincelles (*Eques semper sit armatus totus et equus suus totus bardatus, ne a favillis ignis recipiat passionem*, dit le manuscrit).

Fig. 138. — Cavalier armé de sa lance à feu.

Ce ne fut point contre leurs voisins que les Arabes firent surtout usage du feu grégeois. L'art des feux de guerre avait depuis trop longtemps pris racine dans l'Asie, pour que les Orientaux n'eussent point appris de bonne heure à se préserver de leur atteinte. Le feu grégeois fut principalement dirigé contre les chrétiens, dont les croisades amenaient les incessantes irruptions sur le sol des

CHAPITRE II

infidèles. On connaît, par les récits des historiens de ces guerres, l'épouvante que ces moyens de combat semaient dans les rangs des croisés. Il est d'ailleurs facile de comprendre la surprise et la terreur que devaient éprouver les Occidentaux, habitués aux luttes loyales de leur pays, où le fer n'avait que le fer à combattre, lorsque tout à coup ils se trouvaient en face d'une attaque si étrange et si imprévue. Quel que soit le courage du soldat, il n'aime pas à braver les périls dont il ne connaît point la nature ; les dangers qui s'environnent d'un caractère surnaturel ou mystérieux glacent les plus intrépides cœurs. Or, l'emploi de ces feux à la guerre, avait quelque chose de magique en apparence, qui devait très-vivement agir sur l'imagination des Européens. Qu'on se représente un chevalier chrétien enfermé dans son étroite armure, et qui tout à coup voit arriver sur lui, au galop de son cheval, un musulman armé du feu grégeois. Avec la *lance à feu*, le Sarrasin dirige la flamme ardente contre le visage de son ennemi ; avec la *massue à asperger*, il couvre sa cuirasse du mélange enflammé, et le guerrier, tremblant, éperdu à cette apparition magique, se croit, avec horreur, à demi consumé sous son armure brûlante.

Dans son *Histoire des progrès de l'artillerie*, M. le général Favé rappelle quelques-uns des faits historiques dans lesquels des matières incendiaires ont été employées comme armes offensives, par les Arabes, contre les Orientaux, tant en Asie qu'en Europe.

Bongars, dans une relation qu'il a donnée du siège de Jérusalem pendant la première croisade[16], s'exprime ainsi :

« Lorsque les chrétiens s'avançaient sous les murs de la ville sainte, ils furent accueillis par une grêle de pierres et de flèches. En outre les défenseurs jetaient du bois et des matières combustibles par-dessus du feu ; des maillets de bois étaient enveloppés de poix, de cire, de soufre et d'étoupe, puis, la composition étant allumée, ils étaient projetés sur les machines ; ces maillets étaient garnis de pointes de fer afin de s'attacher de quelque côté qu'ils frappassent, et de communiquer le feu. Le bois et les matières incendiaires formaient des bûchers enflammés qui arrêtaient ceux que ni les glaives ni les hautes murailles n'auraient retardés[17]. »

Un autre historien de la même croisade dit, au sujet du siège de Nicée :

« Les Sarrasins dirigeaient contre nos machines de la poix, de l'huile, de la graisse et toutes sortes de substances propres à fournir matière à l'incendie. »

Albert d'Aix raconte qu'au siège d'Assur, en 1099, pendant la deuxième croisade :

« Les Sarrasins embrasèrent une tour des chrétiens en lançant des pieux ferrés et pointus, entourés d'huile, d'étoupe, de poix, aliments d'un feu entièrement inextinguible par l'eau. Ils mirent encore le feu à une seconde tour en jetant de pareils pieux incendiaires ; aussitôt, de toute l'armée et des tentes, accoururent les hommes et les femmes, apportant chacun de l'eau dans leurs vases pour éteindre la machine. Mais cette grande quantité d'eau jetée dessus ne servit à rien, car cette espèce de feu était inextinguible par l'eau[18]. »

Pendant la troisième croisade, c'est-à-dire en 1191, les chrétiens assiégèrent Saint-Jean d'Acre. Les Arabes firent de grands efforts pour défendre la place ; un écrivain arabe, Boha-Eddin, a écrit :

« Un jeune homme de Damas, fondeur de son métier, promit de brûler les tours des chrétiens si on lui fournissait le moyen d'entrer dans la place. La proposition fut acceptée, il entra dans Acre, et on lui fournit les matières nécessaires, il fit bouillir ensemble du naphte et d'autres drogues dans des marmites d'airain ; quand ces matières furent bien embrasées, qu'en un mot elles présentaient l'apparence d'un globe de feu, il les jeta sur une des tours, qui prit aussitôt feu. La deuxième tour s'enflamma aussi, puis la troisième. »

Un autre écrivain arabe, Ibn-Alatir, donne quelques détails de plus sur le même fait :

« L'homme de Damas, pour tromper les chrétiens, lança d'abord sur une des tours des pots de naphte et d'autres matières non allumées qui ne produisirent aucun effet. Aussitôt les chrétiens, pleins de confiance, montèrent d'un air de triomphe au haut de la tour et accablèrent les musulmans de railleries. Cependant l'homme de Damas attendait que la matière contenue dans les pots fût bien répandue. Le moment arrivé, il lança un nouveau pot tout enflammé. À l'instant le feu se communiqua partout, et la tour fut consumée.

« L'incendie fut si prompt que les chrétiens n'eurent pas même le temps de descendre ; hommes, armes, tout fut brûlé. Les deux autres tours furent consumées de la même manière[19]. »

On lit encore dans la suite de la relation de Boha-Eddin :

« Le danger devenant imminent, on prit deux traits du genre de ceux qui sont lancés par une grande arbalète ; on mit le feu à leurs pointes, de telle sorte qu'elles reluisaient comme des torches, le double javelot lancé contre une machine s'y fixa heureusement. L'ennemi s'efforça vainement d'éteindre le feu, car un vent violent vint à souffler. »

Olivier l'Ecolâtre mentionne l'emploi du feu grégeois par les Sarrasins, au siège de Damiette, en 1208, et rapporte une circonstance dans laquelle les chrétiens parvinrent à s'en rendre maîtres avec du vinaigre, du sable et des matières propres à l'éteindre.

Joinville, dans sa précieuse *Chronique*, nous a laissé de curieux témoignages de l'impression produite par les feux des Sarrasins sur l'armée de saint Louis, qui vint porter la guerre aux bords du Nil en 1248. On nous permettra de reproduire une partie du récit de ce chroniqueur naïf, historien et acteur de ces guerres lointaines.

« Ung soir advint, dit Joinville, que les Turcs amenèrent ung engin qu'ilz appeloient la perriere, ung terrible engin à malfaire ; et le misdrent vis à vis des chaz chateilz[20] que messire Gaultier de Curel et moy guettions de nuyt, par lequel engin ilz nous gettoient le feu grégeois à planté, qui estoit la plus orrible chose que oncques jamés je veisse. Quand le bon chevalier messire Gaultier mon compagnon vit ce feu, il s'escrie et nous dist : Seigneur, nous sommes perduz à jamais sans nul remède. Car s'ilz bruslent nos chaz chateilz, nous sommes ars et bruslez ; et si nous laissons nos gardes, nous sommes ashontez. Pourquoy je conclu que nul n'est qui de ce péril nous peust deffendre, si ce n'est Dieu notre benoist créateur. Si vous conseille à tous, que toutes et quantes foiz qu'ilz nous getteront le feu grégeois, que chacun de nous se gette sur les coudes, et à genoulz, et criions mercy à nostre Seigneur, en qui est toute puissance. Et tantoust que les Turcs getterent le premier coup du feu, nous nous mismes à coudez et à genoulz, ainsi que le preudoms nous avoit enseigné. Et cheut le feu de cette première foiz entre nos deux chaz chateilz, en une place qui estoit devant, laquelle avoient faite nos gens pour estoupper le fleuve. Et incontinent fut estaint le feu par ung homme que nous avions propre à ce faire. La manière du feu grégeois estoit telle, qu'il venoit bien devant aussi gros que ung tonneau, et de longueur la queue en duroit bien comme d'une demye canne de quatre pans. Il faisoit tel bruit à venir, qu'il sembloit que ce fust foudre qui cheust du ciel, et me sembloit d'un grand dragon voilant par l'air, et gettoit si grant clarté, qu'il faisoit aussi cler dedans notre ost comme le jour, tant y avoit grant flamme de feu. Trois foys cette nuytée nous getterent le dit feu grégeois avec ladite perriere et quatre fois avec l'arbaleste à tour. Et toutes les foys que nostre bon Roy saint Loys oyoit qu'ilz nous gettoient ce feu, il se gettoit à terre, et tendoit ses mains la face levée au ciel et crioit à haute voix à nostre Seigneur et disoit en pleurant à grans larmes : *Beau sire Dieu Jésus-Christ*, garde moy et toute ma gent ; et croy moy que ses bonnes prières et oraisons nous eurent bon mestier. Et davantage, à chacune foiz que le feu nous estoit cheux devant, il nous envoyoit ung de ses chambellans, pour savoir en quel point nous estions, et si le feu nous avoit grevez. L'une des foiz que les Turcs getterent le feu, il cheut de cousté le chaz chateil que les gens de monseigneur de Corcenay gardoient, et ferit en la rive du fleuve qui estoit là devant, et s'en venoit droit à eulz, tout ardant. Et tantoust veez cy venir courant vers moy ung chevalier de celle compagnie qui s'en venoit criant : Aidez nous, sire, ou nous sommes tous ars. Car veez cy comme un grant haie de feu grégeois, que les Sarrazins nous ont traict, qui vient droit à nostre chastel. Tantôt courismes là, dont besoing leur fut. Car ainsi que disoit le chevalier, ainsi estoit il et estaignismes le feu à grant ahan et malaise. Car de l'autre part les Sarrazins nous tiroient à travers le fleuve trect et pilotz dont nous estions tous plains[21]. »

La figure 139 représente l'effet des projectiles incendiaires lancés par les Sarrasins contre les travaux faits par l'armée de saint Louis pour le passage du Nil.

Le feu grégeois dont il est question dans le passage qu'on vient de lire, était lancé par une machine que Joinville appelle la *perrière*, et qui ressemble aux *arbalètes à tour* et aux *flèches à mangonneau*. Joinville parle plus loin du feu grégeois lancé directement à la main par des soldats ou des vilains.

CHAPITRE II

Fig. 139. — Les Sarrasins lancent le feu grégeois contre les tours de bois et les ouvrages préparés par l'armée de saint Louis, pour le passage d'une branche du Nil.

« Devant nous avoit deux heraulz du Roy, dont l'un avoit nom Guillaume de Bron, et l'autre Jehan de Gaymaches, auxquels les Turcs qui estoient entre le ru et le fleuve, comme j'ay dit, amenèrent tout plain de villains à pié, gens du païs, qui leur gettoient bonnes mottes de terre et de grosses pierres à tour de braz. Et au damier ils amenèrent ung autre villain Turc, qui leur gecta trois foiz le feu grégeois, et à l'une des foiz il print à la robe de Guillaume de Bron et l'estaignit tantost, dont besoing lui fut, car s'il se fust allumé, il fust tout bruslé.

«… Vous diray tout premier de la bataille du conte d'Anjou, qui fust le premier assailly, parce qu'il leur estoit le plus prouche du cousté de devers Babilone. Et vindrent à lui en façon de jeu d'eschetz. Car leurs gens à pié venoient courant sus à leurs gens, et les brusloient du feu grégeois, qu'ilz gectoient avecques instruments qu'ilz avoient propices… tellement qu'ilz deconfirent la bataille du conte d'Anjou lequel estoit à pié entre ses chevaliers à moult grant malaise. Et quant la nouvelle en vint au Roy et qu'on lui eut dit le meschief où estoit son frère, le bon Roy n'eut en lui

Louis Figuier

aucune tempérance de soy arrester, ne d'attendre nully ; mais soudain ferit des esperons, et se boute parmi la bataille l'espée au poing, jusques au meilleu où estoit son frère, et très asprement frappoit sur ces Turcs, et au lieu où il veoit le plus de presse. Et là endura il maints coups, et lui emplirent les Sarrazins la cullière de son cheval de feu grégeois… De l'autre bataille estoit maître et capitaine le preudoms et hardy messire Guy Malvoisin, lequel fut fort blécié en son corps. Et voiant les Sarrazins la grant conduite et hardiesse qu'il avoit et donnoit en sa bataille, ilz lui tiroient le feu grégeois sans fin, tellement que une foiz fut, que à grant peine le lui peurent estaindre ses gens ; mais nonobstant ce, tint il fort et ferme, sans estre vaincu des Sarrazins[22]. »

Comme tous les chrétiens, dont il partagea les périls, Joinville avait conçu une grande épouvante des effets du feu grégeois, et cette impression est clairement reconnaissable dans l'exagération de ses récits. Il faut bien le reconnaître, en effet, le feu grégeois qui avait exercé de grands ravages dans l'origine, et quand on l'employait à incendier des navires ou à détruire les travaux de défense des cités, était peu redoutable dans les combats corps à corps. Ce n'était, à vrai dire, qu'une sorte d'épouvantail. Éminemment propre à incendier des barques, de petits bâtiments, des tours de bois, des palissades, objets très-combustibles, il était moins redoutable pour les hommes que le fer des lances ou l'acier des épées. Dans toutes les chroniques qui parlent du feu grégeois pendant les croisades, il n'est pas dit une seule fois, selon M. Lalanne, qu'on doive lui attribuer la mort d'un homme. Comme on le voit dans les récits de Joinville, Guillaume de Bron en reçoit un pot sur son bouclier, saint Louis en a *la cullière de son cheval toute remplie*, Guy Malvoisin en est tout couvert, sans qu'il en résulte pour eux aucun accident sérieux. On voit, d'après cela, dans quelles erreurs sont tombés les historiens qui, d'après les récits de Joinville, ont si démesurément grossi les effets du feu grégeois ; et combien il y avait loin de ces projectiles qui, « *lancés à la face de l'ennemi et leur brûlant la barbe, leur faisaient prendre la fuite*[23], » à ce feu qui, selon Lebeau, « *dévorait des bataillons entiers.* »

M. Lalanne fait remarquer, avec raison, que si le feu grégeois eût été aussi puissant dans ses effets que l'ont dit les écrivains modernes, il aurait indubitablement opéré une révolution dans l'art de la guerre.

CHAPITRE II

Or il n'en est rien, et tous les ouvrages originaux de cette époque montrent que le feu grégeois était loin d'avoir fait abandonner les projectiles, même les plus grossiers, en usage de toute antiquité. Ainsi l'empereur Léon ordonne de lancer sur les navires ennemis, de la poix enflammée, des serpents, des scorpions et autres bêtes venimeuses, « et des pots pleins de chaux vive, qui, en se brisant, répandent une épaisse fumée, dont la vapeur suffoque et enveloppe d'obscurité les ennemis. »

C'est ici le lieu de relever une autre erreur, accréditée par tous les historiens : au dire de tous nos auteurs, l'eau était impuissante à éteindre l'incendie allumé par le feu grégeois ; le vinaigre, le sable ou l'urine pouvaient seuls arrêter ses ravages. Ce préjugé existait, en effet, chez les chrétiens, mais il n'était que le résultat de la terreur qu'inspiraient les mélanges incendiaires. Les écrivains de cette l'époque ne font nulle mention de ce fait, et l'examen le moins attentif des textes originaux aurait suffi pour le réduire à sa juste valeur. Il y avait dans l'armée des croisés, des estaigneurs, pour éteindre l'incendie allumé par les feux des Arabes ; c'est ce qu'indique Joinville dans ce passage : « *Fust estaint le feu par ung homme que nous avions propre à ce faire.* » Joinville dit, en parlant de Guy Malvoisin : « *Une foiz fut que à grant peine le lui peurent estaindre ses gens.* » Il ajoute ailleurs que le feu grégeois ne leur fit aucun mal, parce qu'il tomba dans le fleuve. Mais un autre texte tranche la question d'une manière bien plus concluante encore. Cinname, parlant d'une chasse donnée par des Grecs à un navire vénitien, s'exprime en ces termes :

« Les Grecs le poursuivirent jusqu'à Abydos et s'efforcèrent de le brusler en lançant le feu mède ; mais les Vénitiens, accoutumés à leur usage, naviguèrent en toute sécurité, ayant recouvert et entouré leur navire d'étoffes de laine imbibées de vinaigre. Aussi les Grecs s'en retournèrent ils sans avoir pu rien faire ni atteindre leur but ; car le feu lancé de loin, ou ne parvenait pas jusqu'au bâtiment, ou, atteignant les étoffes, était repoussé, et s'éteignait en tombant dans l'eau[24]. »

Ces textes, empruntés au mémoire de M. Lalanne, prouvent que le feu grégeois n'était nullement, comme on l'a toujours prétendu, à l'abri des atteintes de l'eau. On a vu, d'ailleurs, à propos des brûlots employés chez les Byzantins, que le feu grégeois destiné à incendier les navires, n'était préservé de l'action de l'eau que par l'artifice de l'appareil qui le tenait suspendu à la surface de la mer et hors de l'atteinte des vagues.

Il ne faudrait pas cependant conclure de cette observation que, dans certaines limites, le feu grégeois ne pût résister à l'action de l'eau. La présence du salpêtre, qui fournissait au mélange incendiaire assez d'oxygène pour que sa combustion pût se passer de l'oxygène atmosphérique, lui permettait de brûler pendant quelque temps hors du contact de l'air. Plusieurs de nos pièces d'artifice de guerre peuvent de la même manière, brûler quelque temps sous l'eau, et tous nos canonniers savent qu'ils ne peuvent empêcher leur *lance à feu* de brûler qu'en la coupant. Si, pour l'éteindre, ils mettaient le pied sur la partie qui flambe, ils brûleraient leur soulier sans y parvenir. Mais il y a loin de cet effet momentané à tout ce qu'ont écrit les historiens sur ce feu « *que l'eau nourrissait au lieu de l'éteindre.* »

Puisque nous en sommes aux rectifications historiques, le moment sera bien choisi de prouver le peu de fondement de l'opinion commune qui attribue à Roger Bacon l'honneur de l'invention de la poudre.

C'est un écrivain anglais qui a le premier propagé l'opinion, si répandue et si inexacte, d'après laquelle Roger Bacon est regardé comme l'inventeur de la poudre. Plot, dans son ouvrage, *The natural history of Oxford*, attribue à son compatriote l'honneur de cette découverte d'après ce fait, que personne n'aurait parlé de la poudre avant Roger Bacon, Or, tout ce que dit en plusieurs endroits de son livre, au sujet des effets explosifs de la poudre, l'auteur de l'*Opus majus*, est évidemment extrait de l'ouvrage de Marcus Grœchus. C'est ce que nous allons mettre en évidence.

Nous avons dit que le livre latin de Marcus Grœchus, *Liber ignium ad comburendos hostes*, qui fut publié vers 1230, renferme les notions les plus précises et les plus anciennes relatives à la préparation des mélanges incendiaires à base de salpêtre, et par conséquent analogues, par leurs effets explosifs, à ceux de notre poudre à canon actuelle. Nous croyons nécessaire de rapporter ici ce que Marcus Grœchus dit à ce sujet. Le texte latin de ce petit traité a été publié pour la première fois, en 1842, dans l'appendice du tome Ier de l'*Histoire de la chimie* de M. Hœfer.

Voici d'abord le passage du *Liber ignium* relatif à l'extraction et à la préparation du salpêtre qui forme l'ingrédient essentiel de ces mélanges.

« Le salpêtre est un minerai terreux, il se trouve dans les vieux murs et dans les pierres. On dissout cette pierre dans l'eau bouillante, ensuite on l'épure en la faisant passer sur un filtre ; en laissant déposer la liqueur pendant un jour et une nuit, tu trouveras au fond du vase le sel cristallisé en lamelles pointues[25]. »

Voici maintenant relaté l'emploi du salpêtre, pour composer une véritable poudre à base de salpêtre, et pour enfermer ce mélange dans un tube de carton, de manière à composer une fusée ou un pétard.

« Il y a deux compositions de *feu volant dans l'air*. Pour la première : Prenez une partie de colophane, une partie de soufre vif, deux parties de salpêtre ; broyez-les bien ensemble dans l'huile de lin ou de laurier, de telle sorte que les trois substances soient bien confondues ensemble et avec l'huile ; ensuite placez le mélange dans un tube ou dans un bâton creusé et allumez-le, il volera aussitôt vers le lieu que vous voudrez, et détruira tout par incendie.

« La seconde préparation de feu volant se fait ainsi : Prenez une livre de soufre vif, deux livres de charbons de tilleul ou de saule, six livres de salpêtre, et broyez les trois substances le plus fin possible dans un mortier de marbre ; ensuite vous mettrez cette poussière, suivant qu'il vous conviendra, dans une enveloppe à voler ou à faire tonnerre.

« L'enveloppe à voler doit être longue et mince ; on la remplit de la poudre ci-dessus décrite, très-tassée. L'enveloppe à faire tonnerre doit être courte, grosse et renforcée de toutes parts d'un fil de fer très-fort et bien attaché ; on ne la remplit qu'à moitié de la poudre susdite.

« Il faut à chaque enveloppe pratiquer une petite ouverture, pour recevoir l'amorce qui y mettra le feu. L'enveloppe de cette amorce, amincie à ses extrémités et large au milieu, est remplie de la poudre susdite.

« Le feu volant n'a pas besoin d'une enveloppe très-solide ; mais,

Louis Figuier

pour faire tonnerre, il est utile de mettre plusieurs enveloppes l'une sur l'autre.

« On peut faire double tonnerre où double artifice volant : il suffit d'en préparer deux l'un dans l'autre[26]. »

Roger Bacon eut certainement connaissance du petit traité de Marcus Grœchus. On retrouve, en effet, dans les ouvrages de Roger Bacon les idées exprimées dans les passages que nous venons de citer de Marcus Grœchus. Le passage, bien souvent rapporté, dans lequel Roger Bacon parle de la poudre à canon, se trouve dans son ouvrage *De secretis operibus artis et naturœ*. Seulement, tandis que Marcus Grœchus parle très-clairement, et ne déguise rien dans les recettes qu'il rapporte, Roger Bacon, on ne sait pourquoi,cache sous un anagramme, le nom du *charbon pulvérisé*, qui entre dans la composition du mélange incendiaire. Il s'exprime ainsi :

« Prenez du salpêtre *here vopo vir can vtri* et du soufre ; et de cette manière vous produirez le tonnerre, si vous savez vous y prendre. Voyez pourtant si je parle énigmatiquement ou selon la vérité[27]. »

Dans une autre partie du même ouvrage, *De secretis operibus artis et naturœ*, Roger Bacon revient sur la même idée, et la développe davantage.

« Il y a encore d'autres phénomènes étonnants de la nature. On peut produire dans l'air des bruits pareils aux tonnerres et aux éclairs, plus horribles que ceux qui se font dans la nature. Car une petite quantité de matière préparée, de la grosseur du pouce, fait un bruit horrible et un éclair violent. Cela se produit de beaucoup de manières par lesquelles une ville ou une armée peuvent être détruites, à l'imitation de l'artifice employé par Gédéon, lorsqu'au moyen d'un feu jaillissant avec un bruit inexprimable, il détruisit avec deux cents hommes une armée innombrable de Madianites. Ce sont des choses admirables pour qui saurait bien se servir des matières et des quantités voulues[28]. »

Dans un autre ouvrage, *Opus majus*, Roger Bacon, après avoir répété presque textuellement le passage qui précède, ajoute :

« Il est des substances dont la détonation frappe l'oreille à tel point, surtout pendant la nuit, quand tout a été convenablement disposé pour cela et quand la détonation est subite, inattendue, que, ni les armées, ni les villes ne peuvent en soutenir les effets. Aucun éclat du tonnerre ne peut être comparé au bruit de ces détonations. Les longs éclairs qui sillonnent la nue sont incomparablement moindres, et, à leur vue, nous n'éprouvons pas la moindre terreur. On croit que Gédéon produisit des effets à peu près semblables dans le camp des Madianites, en employant cette même substance. D'ailleurs, on répète l'expérience en petit dans tous les pays du monde où l'on emploie, dans les jeux, des pétards et des fusées, et l'on sait que, renfermée dans un instrument qui n'est pas plus gros que le pouce d'un homme, cette substance, qu'on appelle *salpêtre*, détone avec un bruit horrible, imitant les éclairs et le bruit du tonnerre[29]. »

Si du temps de Roger Bacon, le pétard était un *jeu d'enfant*, dans beaucoup de pays, c'est que la composition de la poudre à base de salpêtre avait été vulgarisée par l'ouvrage de Marcus Grœchus, et qu'elle était devenue un objet d'amusement, à peu près comme le devinrent les *bonbons à la cosaque*, préparés avec le fulminate de mercure, à l'époque de la découverte de ce composé détonant et de son emploi dans les capsules de fusil.

Albert le Grand, contemporain et ami de Roger Bacon, a reproduit presque littéralement les passages que nous avons cités de l'ouvrage de Marcus Grœchus. Dans son livre sur les *Merveilles du monde* (*de Mirabilibus mundi*) Albert le Grand transcrit, sans y rien changer, sept paragraphes du *Liber ignium ad comburendos hostes* de Marcus Grœchus, et notamment les recettes de la composition de la fusée, ou *feu volant*. Il suffit, pour s'en convaincre, de rapprocher du texte de Marcus Grœchus que nous avons rapporté plus haut, le passage du livre d'Albert le Grand.

« Prends, dit Albert, une livre de soufre, deux livres de charbon de saule, six livres de salpêtre et pulvérise ces trois substances très-intimement dans un mortier de marbre. Ensuite, tu l'introduiras quand tu le voudras dans une enveloppe de papier, pour en faire un *feu volant*, ou le *tonnerre*, à volonté. L'enveloppe pour le *feu volant* doit être longue, mince et pleine de cette poudre pour faire l'explosion seule (*le tonnerre*) l'enveloppe doit être courte, grosse et à demi pleine[30]. »

Il restera démontré, après ces explications et ces textes authentiques, que le nom de Roger Bacon ou celui d'Albert le

Louis Figuier

Grand, son contemporain, ont été, bien à tort, mêlés à L'histoire de l'invention de la poudre à canon. Ils n'ont fait, l'un et l'autre, qu'emprunter à Marcus Grœchus leur contemporain[31] les formules et les recettes des mélanges incendiaires, qui étaient employés à la guerre pendant le moyen âge.

CHAPITRE III

NAISSANCE DE LA POUDRE À CANON AU XIVE SIÈCLE. — SES PREMIERS USAGES. — INVENTION DES BOUCHES À FEU.

Nous arrivons à l'époque où les compositions incendiaires des Arabes vont subir la transformation qui doit produire la poudre à canon des temps modernes.

Ce n'est qu'au XIVe siècle que fut observée d'une manière positive, la force de projection des poudres salpêtrées. Les Arabes avaient appris des Chinois à mélanger le salpêtre avec le charbon et le soufre. Cependant cette espèce de poudre ne pouvait produire encore tous les effets de l'explosion ; elle fusait, mais ne détonait pas. Aussi ne l'employait-on que pour rendre plus vive la combustion des mélanges incendiaires, ou tout au plus pour servir d'amorce. Le salpêtre préparé par les Arabes, était, en effet, assez impur ; il renfermait plusieurs sels étrangers, et particulièrement du sel marin. Or, la présence de ces sels non combustibles avait pour résultat de retarder l'inflammation du mélange ; dès lors il ne pouvait que fuser, c'est-à-dire que sa combustion, au lieu de se faire brusquement et sur toute la masse à la fois, ne se propageait que lentement et de place en place. L'expansion des gaz provenant de cette combustion, n'avait pas assez de puissance pour chasser un projectile. Cependant, au XIVe siècle, le progrès des arts chimiques, chez les Arabes, permit de mieux purifier le salpêtre, et de le débarrasser des matières étrangères non combustibles ; ce sel put dès ce moment provoquer tous les phénomènes de l'explosion, et l'on put l'appliquer à lancer au loin des projectiles.

Une grande incertitude a longtemps régné sur l'époque où l'on vit se réaliser la découverte des propriétés explosives de la poudre, et sur la contrée qui, la première, fut le théâtre de cette observation capitale qui devait peser d'un si grand poids dans les destinées du monde. D'après des documents mis en lumière par MM. Reinaud et Favé, c'est aux Arabes qu'appartiendrait cette découverte. Ces savants auteurs ont trouvé dans un manuscrit arabe de la bibliothèque de Pétersbourg, qui remonte au XIVe siècle, la description de certaines armes à feu, extrêmement imparfaites, et qui, en raison de cette imperfection même, semblent marquer les débuts de la découverte et de l'application de la force de projection de la poudre.

Voici un passage de ce manuscrit dans lequel il s'agit évidemment d'une manière de lancer un projectile au moyen de la poudre à canon :

« *Description de la drogue à introduire dans le madfaa avec sa proportion.* — Baroud, dix ; charbon, deux drachmes ; soufre, une drachme et demie. Tu le réduiras en poudre fine et tu rempliras un tiers du madfaa ; tu n'en mettras pas davantage, de peur qu'il ne crève ; pour cela, tu feras faire, par le tourneur, un madfaa de bois, qui sera pour la grandeur en rapport avec sa bouche ; tu y pousseras la drogue avec force, tu y ajouteras, soit le bondoc, soit la flèche, et tu mettras le feu à l'amorce. La mesure du madfaa sera en rapport avec le trou ; s'il était plus profond que l'embouchure n'est large, ce serait un défaut. Gare aux tireurs ! fais bien attention[32]. »

Dans ce passage, l'instrument qui reçoit la poudre est appelé *madfaa* ; c'est le nom qui sert quelquefois, chez les Arabes, à désigner le fusil. La poudre est composée de dix parties de salpêtre, de deux parties de charbon, et d'une partie et demie de soufre. On ne remplit de poudre que le tiers du madfaa, de peur qu'il ne crève. Par-dessus la poudre on mettait un *bondoc*, c'est-à-dire une javeline, ou bien une flèche. Les figures qui sont jointes au texte, représentent, selon MM. Reinaud et Favé, un cylindre assez court porté sur un long manche qui fait suite à son axe. Cet instrument ressemble beaucoup aux massues incendiaires connues sous le nom de *massues à asperger*.

Voici un autre passage du même manuscrit de Pétersbourg, qui contient la description d'une arme à feu analogue à la précédente :

« *Description d'une lance de laquelle, quand tu te trouveras en face de l'ennemi, tu pourras faire sortir une flèche qui ira se planter dans sa poitrine.* — Tu prendras une lance que tu creuseras dans sa longueur, à une étendue de quatre doigts à peu près ; tu foreras cette lance avec une forte tarière, et tu y ménageras un madfaa ; tu disposeras aussi un pousse-flèche en rapport avec la largeur de l'ouverture ; le madfaa sera de fer. Ensuite tu perceras sur le côté de la lance un petit trou ; tu perceras également un trou dans le madfaa : puis tu prendras un fil de soie brute que tu attacheras au trou du madfaa ; tu le feras entrer par le trou qui est sur le côté de la lance. Tu te procureras, pour cette lance, une pointe percée à son sommet de manière que, lorsque tu tireras, le madfaa pousse fortement la flèche, par la force de l'impulsion que tu auras communiquée ; le madfaa marchera avec le fil, mais le fil retiendra le madfaa de manière à l'empêcher de sortir de la lance avec la flèche. Quand tu monteras à cheval, ainsi armé, tu auras soin de te munir d'un troussequin : c'est afin que la flèche ne sorte pas de la lance. »

Il s'agit ici, selon MM. Reinaud et Favé, d'une lance disposée de telle manière que, lorsqu'on était en face de son ennemi, il en sortait un trait qui allait lui percer le sein. Pour cela on logeait dans la lance un *madfaa* de fer, qui recevait la poudre. Une flèche, dont la grosseur était proportionnée à l'ouverture, était introduite dans le creux de la lance, pour en sortir au moment favorable.

Les instruments dont la description est rapportée dans ces deux passages du manuscrit arabe de Pétersbourg, représentent donc des armes à feu imparfaites. Ils paraissent former la transition entre les instruments purement incendiaires employés chez les Grecs et les Arabes d'Afrique au XIIIᵉ siècle, et les armes à feu proprement dites, dans lesquelles on met à profit la force expansive de la poudre pour lancer au loin des projectiles meurtriers.

Ces premières armes à feu étaient destinées à agir de très-près et presque par surprise, car cette espèce de lance ne pouvait projeter qu'à une très-faible distance, en raison de l'impureté de la poudre, la javeline, la flèche ou le projectile quelconque qu'elle contenait.

La poudre placée dans le *madfaa*, pour projeter une aveline ou une flèche, au lieu d'une pelote de composition incendiaire, constituait une innovation sans importance apparente. Le nom de l'auteur de cette découverte est donc resté tout à fait inconnu, et personne n'a pu se douter que dans le *madfaa* des Arabes, il pût y avoir le germe de nos armes à feu.

Chez les écrivains arabes du xive siècle, les effets explosifs de la poudre se distinguent difficilement de leur propriété incendiaire. Des écrivains étrangers à cet art ne pouvaient donc pas distinguer l'une et l'autre de ces propriétés. D'ailleurs, le mot *baroud*, qui avait d'abord désigné le salpêtre en arabe, servit ensuite à désigner la poudre. C'est parce qu'ils n'ont pas connu ces deux acceptions du même mot, que différents auteurs modernes n'ont pas distingué les deux propriétés des compositions salpêtrées, d'imprimer une force accélératrice à la fusée et de produire une force instantanée dans les armes à feu.

Un passage emprunté à l'*Histoire des Berbères*, traduit par M. de Slane, ferait remonter au xiiie siècle, chez les Arabes, l'emploi de la poudre pour lancer des projectiles.

« Abou-Yousouf, sultan du Maroc, mit le siège devant Sidjilmesa, en l'an 672 de l'hégire (1273 de Jésus-Christ)… il dressa contre elle les instruments de siège, tels que des *medjanics*, des *arrada* et des *hendam* à naphte, qui jettent du gravier de fer, lequel est lancé de la chambre (du hendam), en avant du feu allumé dans du *baroud*, par un effet étonnant et dont les résultats doivent être rapportés à la puissance du Créateur… Il passa une année entière, et, un certain jour, quand on s'y attendait le moins, une portion de la muraille de la ville tomba par le coup d'une pierre lancée par une *medjanic*, et on s'empressa de donner l'assaut[33]. »

Cette relation a été écrite par Ibn-Khaldoun, cent ans environ après l'événement. On voit que, d'après cet auteur, la poudre était employée à lancer du gravier de fer, analogue aux *avelines* (graviers de fer), dont parle le manuscrit de Saint-Pétersbourg. Ces petits projectiles ont dû précéder les boulets plus gros dont l'histoire fera mention quelques années plus tard.

La figure 140 représente, d'après les données de l'historien arabe, les effets de la poudre à canon employée à lancer des graviers de fer contre les murailles de Sidjilmesa, en 1273.

Louis Figuier

Fig. 140. — Le sultan du Maroc Abou-Yousouf emploie la poudre à canon pour lancer des graviers de fer, au siège du Sidjilmesa, en 1273.

Les événements militaires dont on vient de parler pour constater l'emploi de la poudre à canon, se sont passés dans le nord de l'Afrique et de l'Espagne. Il ne semble donc pas impossible, dit M. Favé, que les Arabes de ces contrées aient été les premiers à utiliser la force projective de la poudre à canon, et que son emploi remonte chez eux jusqu'à la seconde moitié du XIIIᵉ siècle. On peut encore espérer que des textes arabes restés inconnus viendront décider cette question.

L'emploi des premières armes à feu chez les Arabes, à partir du XIVᵉ siècle, est établi par plusieurs documents sur l'exactitude desquels il ne peut exister aucun doute. Les deux citations qui vont suivre sont empruntées à l'ouvrage de M. Favé.

Condé, dans son *Histoire de la domination des Arabes en Espagne*, composée de morceaux traduits de l'arabe, parle de machines lançant des globes de feu avec grands tonnerres, dont l'effet est de ruiner des murs et des tours. Il parle plus loin de balles de fer lancées par le naphte ; racontant le siège de Tarifa, en 1340, par l'empereur du Maroc, joint aux Maures d'Espagne, Condé l'historien dit :

« Ils commencèrent à combattre la place avec des machines et des engins de tonnerre qui lançaient de grosses balles de fer avec du naphte, causant une grande destruction dans les murailles renforcées de bonnes tours. »

Casiri cite le passage suivant d'un auteur arabe qui vivait dans la première moitié du XIVe siècle.

« Le roi de Grenade entra dans le pays ennemi, marcha vers la ville de Basseta, l'investit et l'attaqua vivement ; il frappa l'arceau d'une forte tour avec la grande machine garnie de naphte en forme de boule chauffée. »

Dans une chronique espagnole, citée par Casiri, racontant le siège de la ville d'Algésiras, par le roi Alphonse XI, en 1342, on trouve mentionné l'emploi de la poudre par les Arabes pour la défense de cette place ; on y lit en effet :

« Les Maures de la ville tiraient beaucoup de tonnerres vers le camp, contre lequel ils lançaient des boulets de fer aussi gros que les plus grosses pommes, et ils les lançaient si loin de la ville que les uns passaient au-delà du camp, et que les autres l'atteignaient[34]. »

L'opinion de MM. Reinaud et Favé, qui attribuent aux Arabes la découverte de la propriété explosive des poudres salpêtrées, s'appuie donc sur des faits nombreux. Ce qui peut d'ailleurs la confirmer, selon nous, c'est l'état avancé des arts chimiques chez cette nation. Pendant le moyen âge, l'Espagne, occupée et régie par les Arabes, était devenue le foyer le plus brillant des lettres et des arts ; les sciences chimiques s'y trouvaient particulièrement cultivées. La découverte des propriétés explosives de la poudre n'est que la conséquence de la purification du salpêtre par les procédés chimiques ; il est donc probable que c'est aux Arabes que doit revenir l'honneur de cette importante observation.

La poudre préparée au XIVe siècle, était extrêmement imparfaite. On l'obtenait sous forme de poussier, état qui lui enlève une grande partie de sa force ; en outre, le salpêtre qui servait à sa fabrication était fort impur. Cette poudre, qui ne donnait lieu qu'à une explosion assez lente, n'aurait donc pu imprimer aux projectiles une vitesse assez grande pour percer les cuirasses et les armures métalliques

Louis Figuier

en usage à cette époque. Aussi, durant le xIVᵉ siècle, les projectiles lancés par les bouches à feu, ne furent-ils que très-rarement dirigés contre les hommes. La poudre servait surtout à lancer de grosses pierres, qui, par leur chute, écrasaient les édifices et ruinaient les défenses extérieures des places. Tel fut le premier emploi des bouches à feu, qui prirent le nom de *bombardes* ou *bastons à feu.*

Mais les bombardes ne furent pas destinées seulement à lancer de lourds projectiles contre les travaux de défense des villes assiégées ; elles servirent encore à jeter à l'ennemi le feu grégeois et les compositions incendiaires. On nous permettra d'insister sur ce point particulier, car nous y trouverons l'occasion d'établir que l'usage et le secret du feu grégeois n'ont aucunement été perdus, comme on l'entend dire tous les jours.

La découverte de la poudre à canon ne fit pas complètement abandonner l'emploi des mélanges incendiaires ; on les conserva comme un moyen d'attaque utile en plus d'une circonstance. Les Européens eux-mêmes finirent par en emprunter l'usage aux Arabes, et tous ces phénomènes de combustion, qui avaient paru si effrayants aux Occidentaux, du vIIIᵉ au xIIIᵉ siècle, devinrent plus tard d'un usage familier en Europe.

Il est souvent question du feu grégeois dans les chroniques de Froissart. En racontant le siège du château de Romorantin par le prince de Galles, cet historien dit en parlant des Anglais :

« Si ordonnèrent à apporter canons avant et à traire carreaux et feu grégeois dedans la basse-cour ; car si cil feu s'y voulait prendre, il pourrait bien tant multiplier qu'il se bouterait en toit des couvertures des tours du châtel… Adonc fut le feu apporté avant et traict par bombardes et par canons en la basse-cour, et si prit et multiplia tellement que toutes ardirent. »

Le nom du feu grégeois se trouve chez presque tous les auteurs de pyrotechnie du xVIᵉ siècle ; et on lit dans les ouvrages de cette époque la description détaillée des divers instruments à feu en usage en Europe vers lexVᵉ et le xVIᵉ siècle. Voici, par exemple, suivant un de ces écrivains, Biringuccio, la manière de préparer les lances à feu :

« *Moyen de faire lances à feu pour getter où il vous plaira attachés à la pointe des lances.* — Pour la défense d'une forteresse, ou pour dresser une escarmouche de nuit, ou pour assaillir un camp, c'est chose utile d'attacher, à la pointe des lances des gens de cheval et sur la cime des piques des gens de pié, certains canons de papier posez dans autres de bois longs de demi-brasse. Lesquels vous remplirez de grosse poudre avec laquelle vous meslerez pièce de feu gregeoix, de soufre, grains de sel commun, lames de fer, voire brisé, et arsenic cristallin. Et le tout pousserez dedans à force, et après avoir mis quelque chose au-devant, tournerez l'issue du feu contre vos ennemis. Lesquels resteront effrayés au possible, apercevant une langue de feu excédant en longueur deux brasses, faisant un bruit épouvantable. Et peut ceste façon de langue grandement servir à ceux qui veuillent faire profession des armes sur la mer[35]. »

Comme le remarquent MM. Reinaud et Favé, on voit que c'est bien là l'art des anciens Arabes : l'effet des instruments est le même, leur disposition toute semblable ; seulement, l'imagination n'ajoutant plus à la crainte que ces armes inspiraient, leur usage se borne à des circonstances rares et exceptionnelles.

Les écrivains de cette époque signalent quelques actions de guerre dans lesquelles on eut recours à ces moyens. Daniel Davelourt dans sa *Briefve Instruction sur le faict de l'artillerie en France*, imprimée en 1597, parle ainsi de l'usage que l'on fit du feu grégeois au siège de Pise :

« Toute chose seiche et qui brusle facilement, multipliant le feu par quelque propre et intérieure nature, se peut mettre à composition du feu : comme sont soulphre, salpêtre, poudre à canon, huile de lin, de pétrole, de térébenthine, poix, résine, camphre, chaux vive, sel ammoniac, vif-argent et autres telles matières dont on a accoustumé de faire trompes, pots, cercles, langues, piques, lances à feu, et autres feux artificiels propres à refroidir l'ardeur de ceux qui vont les plus hardis assaillir bresche.

« Comme l'on cognent au siège de Pise où les Florentins, soubs la conduite de Paul Vitelli, ayant fait la bresche raisonnable, et les Pisans se réparant par dedans avec fossés et terrasses, encore ajoutèrent-ils les feux gregeoix et artificiels, avec lesquels ils empêchèrent que les Florentins ne purent exécuter leur dessein. Les soldats de Vérone, attendant l'assaut des François, dressèrent pots de feu artificiels et autres fricassées, qu'ils leur donnaient aux flancs et par derrière les remparts. »

Zantfliet affirme, dans ses *Chroniques*, que le feu grégeois était usité en Hollande en 1420.

Il fut encore employé en 1453 au siège de Constantinople par Mahomet II : les assiégés et assiégeants en faisaient usage chacun de leur côté (fig. 141). L'historien Phrantzès, cité par M. Lalanne, rapporte qu'un Allemand nommé Jean, très-habile à manier le feu grégeois, et qui dirigeait la défense de la ville, se servait de ce feu pour faire sauter des mines.

Fig. 141. — Le feu grégeois employé par les assiégeants et les assiégés au siège de Constantinople par Mahomet II, en 1453.

Ainsi, jusqu'à l'année 1453, les compositions incendiaires étaient encore employées concurremment avec l'artillerie, et l'on avait trouvé le moyen d'en tirer un parti nouveau en l'appliquant à l'art des mines. On peut donc établir, en s'appuyant sur des données historiques, que le secret du feu grégeois n'a jamais été perdu.

Les bouches à feu furent donc appliquées dans l'origine, à lancer des pierres contre les remparts extérieurs des cités et à jeter le feu grégeois. Cependant, à mesure que la préparation de la poudre à canon se perfectionna, et que les projectiles purent recevoir une vitesse assez grande pour percer les armures métalliques, ce dernier usage se perdit, et le nom même du feu grégeois finit par s'oublier. C'est alors seulement que les bouches à feu commencèrent à jouer un rôle important dans les armées.

Pour résumer ce qui précède, nous dirons que la poudre à canon a pris son origine dans l'art des compositions incendiaires et les feux d'artifice, connus et mis en usage de temps immémorial chez les Indiens et les Chinois ; — que l'introduction du salpêtre dans les compositions, aussi bien que la découverte et l'emploi de la fusée, sont dus aux Chinois ; — que les Arabes ont emprunté aux Chinois ces connaissances, — que les Arabes ont accru singulièrement la puissance explosive des mélanges incendiaires en faisant usage de salpêtre purifié, et exempt de sels non combustibles — enfin qu'ils ont les premiers, lancé avec la poudre à canon des projectiles dont l'action, sans efficacité et sans importance, ne pouvait point exercer tout d'abord une influence notable sur l'art de la guerre, mais qui contenaient en germe les armes à feu modernes.

CHAPITRE IV

PERFECTIONNEMENTS APPORTÉS DANS LES TEMPS MODERNES À LA COMPOSITION DE LA POUDRE À CANON. — ESSAIS PYROTECHNIQUES DE DUPRÉ ET DE CHEVALLIER. — POUDRE AU CHLORATE DE POTASSE EXPÉRIMENTÉE PAR BERTHOLLET EN 1788.

Nous ne suivrons pas plus loin cette histoire rapide des premiers emplois de la poudre à canon. La revue des perfectionnements successifs qui ont amené l'artillerie européenne au degré éminent où nous la voyons de nos jours, sera présentée avec les détails nécessaires, dans la notice qui doit suivre : l'*Artillerie ancienne et moderne*. Ici nous devons nous en tenir à envisager les modifications apportées à la composition des poudres de guerre. À ce point de vue, notre tâche est à peu près terminée. Depuis deux siècles, en effet, la fabrication et l'emploi de l'agent qui nous occupe n'ont fait que des progrès presque insensibles, et pour arriver jusqu'à notre siècle, nous n'avons à signaler que quelques essais curieux, mais restés sans application.

C'est dans cette catégorie qu'il faut ranger les essais entrepris sous

Louis Figuier

Louis XV, par Dupré, pour retrouver le feu grégeois ; ceux que fit, à la fin du dernier siècle, le célèbre chimiste Berthollet, dans le but de modifier la composition de la poudre ; enfin les expériences pyrotechniques de Chevallier, exécutées sous le Consulat.

Dupré, né aux environs de Grenoble, était orfèvre, à Paris. En essayant de fabriquer de faux diamants, il avait découvert, dit-on, une liqueur inflammable d'une activité prodigieuse. Chalvet, qui rapporte ce fait dans sa *Bibliothèque du Dauphiné*, assure que cette liqueur consumait tout ce qu'elle touchait, qu'elle brûlait dans l'eau, et reproduisait, en un mot, tous les effets anciennement attribués au feu grégeois.

Dupré fit instruire Louis XV de sa découverte, et sur l'ordre du roi, il exécuta quelques expériences à Versailles, sur le canal, et dans la cour de l'Arsenal, à Paris.

C'était en 1755 ; on était engagé contre les Anglais dans cette guerre désastreuse qui devait amener la ruine de notre puissance navale. Dupré fut envoyé dans divers ports de mer, pour essayer contre les vaisseaux l'action de sa liqueur incendiaire. Les effets que l'on produisit furent si terribles, que les marins eux-mêmes en furent épouvantés. Cependant Louis XV, cédant à un noble sentiment d'humanité, crut devoir renoncer, malgré les pressantes nécessités de la guerre, aux avantages que lui promettait cette invention. Il défendit à Dupré de publier sa découverte, et, pour assurer son silence, il lui accorda une pension considérable et la décoration de Saint-Michel.

Dupré est mort sans avoir trahi son secret ; mais Chalvet avance une atrocité inutile, lorsqu'il prétend que l'opinion commune accusa Louis XV d'avoir précipité sa mort.

Selon M. Coste, un artificier nommé Torré aurait retrouvé, sous le ministère du duc d'Aiguillon, un secret analogue à celui de Dupré.

« Le secret du feu grégeois, dit M. Coste, a été retrouvé en France, sous le ministère du duc d'Aiguillon, par un metteur en œuvre qui ne le cherchait certainement pas et qui travaillait au Havre à des pierres de composition. Mon témoignage à cet égard est irrécusable, car c'est moi qui ai rédigé le *Mémoire au conseil*, par lequel cet honnête artiste faisait hommage au roi de sa funeste découverte, lui demandait ses ordres, et offrait d'enfermer dans un canon de bois, qu'un seul homme pourrait porter, sept cents flèches remplies de sa composition, lesquelles s'enflammeraient, éclateraient et mettraient le feu en tombant. Cet appareil et le canon de bois, qui devaient porter le feu grégeois à huit cents toises étaient de l'invention de l'artificier Torré[36]. »

Toutefois cette idée n'a jamais eu de suite.

Il en a été autrement de l'invention du mécanicien Chevallier, sur laquelle la fin tragique de son auteur appela quelque temps l'attention du public.

Chevallier, ingénieur et mécanicien de Paris, avait réussi à préparer des fusées incendiaires qui brûlaient dans l'eau, et dont l'effet était, dit-on, aussi sûr que terrible. Les expériences, faites le 30 novembre 1797 à Meudon et à Vincennes, en présence d'officiers généraux de la marine, et reprises à Brest, le 20 mars suivant, montrèrent que ces fusées, qui avaient quelques rapports avec nos fusées modernes à la Congrève, reproduisaient une partie des effets que l'on rapporte communément au feu grégeois.

Chevallier s'occupait à perfectionner ses compositions incendiaires, lorsqu'il périt victime d'une fatale méprise. Depuis le commencement de la Révolution, il s'était fait remarquer par l'exaltation de ses idées républicaines ; en 1795, il avait déjà été arrêté comme agent d'un complot jacobin et mis en liberté à la suite de l'amnistie de l'an IV. En 1800, dénoncé à la police ombrageuse de l'époque comme s'occupant dans un but suspect, de fusées incendiaires et de préparations d'artifices, il fut emprisonné sous la prévention d'avoir voulu attenter aux jours du premier consul. Cette affaire ne pouvait avoir aucune suite sérieuse, et Chevallier s'apprêtait à sortir de prison, lorsque, par une coïncidence déplorable, arriva l'explosion de la machine infernale. Chevallier n'avait eu évidemment aucune relation avec les auteurs de ce terrible complot ; cependant il fut traduit quelques jours après devant un conseil de guerre, condamné à mort, et fusillé le même jour à Vincennes.

Les essais entrepris par le célèbre chimiste Berthollet, en 1788, pour remplacer le salpêtre de notre poudre à canon par le chlorate de potasse, ont un caractère scientifique sérieux, et sont plus connus que les faits précédents.

Louis Figuier

En étudiant les combinaisons oxygénées du chlore, Berthollet avait découvert les chlorates, sels très-remarquables par leurs propriétés chimiques. Les chlorates sont des composés qui se détruisent avec une facilité extraordinaire ; et comme ils renferment une très-grande quantité d'oxygène, cette prompte décomposition fait de ce genre de sels un des agents de combustion les plus actifs que l'on possède en chimie.

Quelques détails sur la préparation et les propriétés des chlorates ne seront pas ici déplacés, car le chlorate de potasse a reçu de nos jours plusieurs emplois dans l'artillerie, et il entre notamment dans la composition des capsules fulminantes.

Le chlorate de potasse se prépare, comme le fit le premier, Berthollet, en faisant passer du chlore dans une dissolution concentrée de potasse ou de carbonate de potasse. La réaction qui se passe entre le chlore et la potasse est très-nette ; le chlore porte son action à la fois sur l'oxygène et le potassium, il forme avec le premier de l'acide chlorique et avec le second du chlorure de potassium. C'est ce que montre l'équation chimique suivante :

$$6KO + 6Cl = \underbrace{5KCl}_{\substack{\text{Chlorure} \\ \text{de potassium}}} + \underbrace{KO, ClO^5}_{\substack{\text{Chlorate} \\ \text{de potasse}}}$$

Nous supposons ici que l'on agit sur une dissolution de potasse pure ; la réaction serait la même, si l'on agissait avec une dissolution de carbonate de potasse, car l'acide carbonique se dégagerait purement et simplement, pendant toute la durée de l'opération.

Le chlorate de potasse étant beaucoup moins soluble dans l'eau froide que le chlorure de potassium, se dépose, en paillettes cristallines nacrées ; tandis que le chlorure de potassium demeure dissous dans l'eau. Il faut que le tube qui amène le chlore dans la liqueur soit un peu large, pour qu'il ne soit pas obstrué par les cristaux de chlorate de potasse qui se déposent. Il suffit de recueillir ces cristaux, de les dissoudre dans l'eau bouillante, et de laisser refroidir la liqueur, pour obtenir du chlorate de potasse, d'une pureté chimique absolue.

CHAPITRE IV

Ou peut obtenir le chlorate de potasse en grand, d'une manière plus économique. On fait arriver du chlore dans de la chaux délayée dans l'eau, ce qui donne une dissolution d'hypochlorite de chaux, et un excès de chaux en suspension. À ce mélange on ajoute du chlorure de potassium, en proportions convenables, et l'on porte le tout à l'ébullition. Il se forme du chlorate de chaux, par la transformation de l'hypochlorite de chaux en chlorate. Une double décomposition s'établit alors entre les deux sels solubles, savoir le chlorate de chaux et le chlorure de potassium ; il se fait du chlorure de calcium et du chlorate de potasse. Tant que dure l'ébullition, le chlorate de potasse reste dissous. Mais si l'on filtre la liqueur bouillante et qu'on la laisse refroidir, le chlorate de potasse se dépose en belles aiguilles cristallines.

Le chlorate de potasse est une source abondante et économique d'oxygène. Il suffit de le chauffer à 450 degrés environ, pour qu'il abandonne tout son oxygène, et c'est même là un des procédés usités dans les laboratoires de chimie pour préparer le gaz oxygène.

Cette facile décomposition du chlorate de potasse fait comprendre que ce sel soit un des agents d'oxydation les plus énergiques que possède la chimie. Quand on a mêlé ce sel à une substance combustible, comme le soufre, le charbon, ou une matière organique, il suffit d'un simple choc, ou d'un frottement un peu rude, pour déterminer l'inflammation de ce mélange. L'oxygène faiblement retenu par le chlore, passe facilement aux corps combustibles, et donne ainsi des mélanges explosifs. Le chlorate de potasse mélangé avec du soufre, avec du charbon ou du phosphore, constitue un mélange tellement combustible que le choc du marteau suffit pour le faire détoner. Quand on triture rapidement dans un mortier de bronze du chlorate de potasse, du soufre et du charbon, il se produit des détonations successives qui imitent des coups de fouet, et l'on voit s'élancer hors du vase des flammes rouges ou purpurines.

L'expérience suivante donne la meilleure idée des propriétés oxydantes du chlorate de potasse. On fait un mélange de chlorate de potasse, de soufre et de lycopode, substance végétale, excessivement divisée et excessivement inflammable. Quelques gouttes d'acide sulfurique versées sur ce mélange, suffisent pour l'enflammer et faire brûler toute la masse avec éclat. Voici la

Louis Figuier

curieuse réaction chimique qui se passe alors. L'acide sulfurique met en liberté l'acide chlorique du chlorate de potasse ; l'acide chlorique rendu libre, se décompose spontanément en chlore et oxygène ; l'oxygène brûle le soufre, l'inflammation se communique à la substance végétale, et la masse entière prend feu.

C'est un mélange tout à fait analogue qui composait les anciens briquets*hydro-chimiques*, qui furent en usage dans les premières années de notre siècle, et qui ont été détrônés par les allumettes phosphorées. On préparait un mélange de 3 parties de chlorate de potasse, de 1 partie de soufre, dont on faisait une pâte avec de l'eau gommée, et l'on appliquait cette pâte à l'extrémité de chaque allumette. Quand on plongeait cette allumette dans un petit flacon de verre contenant de l'acide sulfurique concentré, la réaction que nous venons d'analyser, provoquait l'inflammation de l'allumette.

Fig. 142. — Berthollet.

Berthollet, à qui l'on doit, comme nous l'avons dit, la découverte des chlorates, avait observé la plupart de ces phénomènes. Il avait été frappé des propriétés oxydantes du chlorate de

CHAPITRE IV

potasse, et reconnu qu'on pouvait composer, avec ce sel, des mélanges éminemment explosifs. La pensée lui vint donc, assez naturellement, de substituer le chlorate de potasse au salpêtre, dans la poudre à canon. Les essais qu'il entreprit dans cette vue, amenèrent les résultats d'abord les plus avantageux en apparence : un mélange intime de soufre, de charbon et de chlorate de potasse, dans les proportions habituelles de la poudre, constituait une force explosive d'une énergie extrême. Cette poudre l'emportait à ce point sur la poudre ordinaire, que les projectiles étaient lancés à une distance triple.

Encouragé par ce fait, Berthollet demanda au gouvernement l'autorisation de faire préparer une assez grande quantité de la nouvelle poudre, afin de procéder à des expériences plus étendues. La poudrerie d'Essonne fut mise à sa disposition. Mais l'entreprise eut une bien triste fin : une explosion terrible détruisit la fabrique, et coûta la vie à plusieurs personnes. Voici quelques détails positifs sur ce malheureux événement.

M. Letort, directeur de la manufacture d'Essonne, était plein de confiance dans le succès des expériences de Berthollet et dans l'avenir de la poudre nouvelle ; il assurait qu'elle n'offrirait aucun danger dans son maniement, et qu'elle se comporterait en tous points comme la poudre au salpêtre. Le jour où devaient commencer les essais de la fabrication, il invita Berthollet à dîner, et au sortir de table, on descendit dans les ateliers Le mélange se faisait, comme à l'ordinaire, dans des mortiers, avec des pilons de bois, et par l'intermédiaire de l'eau, afin d'éviter le développement de chaleur provoqué par le frottement, M. Letort prétendit que l'addition de l'eau était même superflue, et que l'on aurait pu tout aussi bien faire le mélange à sec. Pour le prouver, il s'approcha de l'un des mortiers, et, du bout de sa canne, il se mit à triturer une petite motte de poudre qui s'était desséchée sur ses bords. Aussitôt une détonation épouvantable se fit entendre ; la maison fut à moitié renversée, et l'on releva parmi les décombres le cadavre du directeur, celui de sa fille et les corps de quatre ouvriers ; Berthollet fut préservé comme par miracle (*fig.* 143).

Cependant on avait attaché tant d'importance à l'emploi de la poudre au chlorate de potasse, que cet événement terrible ne porta point ses fruits. Quatre années après, le gouvernement autorisa de

Louis Figuier

nouveaux essais de fabrication de la poudre au chlorate de potasse. Au milieu des guerres de la république, il était difficile de renoncer à l'espoir de posséder un agent d'une si merveilleuse puissance. On multiplia les précautions indiquées en pareil cas ; mais tout fut inutile : une nouvelle explosion fit sauter la fabrique, et tua trois ouvriers.

Fig. 143. — Explosion de la poudrerie d'Essonne pendant la fabrication de la poudre à base de chlorate de potasse.

On n'a plus songé depuis cette époque à recommencer de si funestes tentatives. D'ailleurs, on sait aujourd'hui que la poudre au chlorate de potasse n'a que des dangers et n'offre aucun avantage. Elle est si détonante, que le mouvement seul d'une voiture peut déterminer son explosion. Toutes les substances qui, comme le chlorate de potasse, détonent par le simple choc, donnent des poudres *brisantes*, dont l'action brusque et instantanée, s'exerçant à la fois contre le projectile et contre les parois intérieures du canon, provoque presque toujours la rupture de l'arme.

CHAPITRE V

PROPRIÉTÉS ET COMPOSITION DE LA POUDRE À CANON
ACTUELLE. — SES EFFETS BALISTIQUES. — PROPRIÉTÉS ET
PRÉPARATION DES INGRÉDIENTS DE LA POUDRE : LE SALPÊTRE, LE
CHARBON ET LE SOUFRE.

Après cette histoire de l'invention et des perfectionnements successifs des poudres de guerre, depuis leur première origine dans l'antiquité jusqu'à nos jours, nous avons à décrire les procédés qui servent à la fabrication de la poudre actuelle, et à faire connaître ses propriétés physiques, chimiques et balistiques.

Telle qu'on l'emploie aujourd'hui dans les armes, la poudre de tir est un corps, ou une réunion de petits corps, identiques de composition, ayant la propriété de se transformer, dans un temps très-court, en un volume considérable de gaz, sous l'influence d'une température d'environ 300 degrés, provoquée en un point quelconque de sa masse.

Chez tous les peuples qui en ont fait usage, la poudre a été constamment formée d'à peu près trois quarts en poids de salpêtre, d'un demi-quart en poids de charbon, et d'un demi-quart en poids de soufre. Le salpêtre contient en quantité suffisante, l'oxygène, l'élément destiné à brûler le soufre et le charbon, et à les transformer en gaz acide sulfureux et acide carbonique. En se décomposant sous l'influence de la chaleur, le salpêtre cède son oxygène au charbon et au soufre, et change ces corps simples en gaz acides sulfureux et carbonique. L'azotate de potasse ainsi décomposé, laisse comme résidu, l'azote, qui s'ajoute au mélange gazeux résultant de la combustion, et forme presque la moitié de la totalité de ce mélange gazeux.

Outre ces produits gazeux, il se forme des produits solides : tels sont le sulfure de potassium et le sulfure de potasse, ce dernier sel provenant de la combinaison du soufre avec les produits de la décomposition du salpêtre. Mais ces corps se trouvant dans un milieu à température très-élevée, se volatilisent, par l'action de cette chaleur excessive, et s'ajoutent, à l'état de vapeurs, au mélange gazeux. Une partie des produits solides sublimés se dépose le long des parois de l'arme, qui sont relativement froides. Il s'en

Louis Figuier

dépose d'autant plus que la température produite dans l'arme, par la combustion de la poudre, est moins élevée, et que la force de projection qui arracherait ces particules des parois, est moins énergique.

Les effets explosifs de la poudre tiennent donc à ce que cette substance a la propriété de se transformer rapidement en une masse considérable de gaz. C'est une matière solide qui, en un instant, se change en gaz, dont le volume surpasse cinq à six cents fois le volume de la substance solide employée. On peut comparer son effet sur le projectile, à l'action d'un ressort d'acier, d'une puissance considérable, qui serait placé derrière le projectile, et qui, se détendant tout d'un coup, produirait son effet dans un espace de temps excessivement court.

Pour conserver cette comparaison, disons que, étant donnés dans l'intérieur d'une arme quelconque, le ressort tendu, et devant ce ressort le projectile, si l'on veut obtenir le plus grand effet balistique, il ne faudra pas détendre subitement le ressort, de telle façon que le projectile ne subisse qu'un choc brusque et soit ensuite abandonné par le ressort après ce choc. Il vaudra mieux évidemment faire agir le ressort, progressivement, et pendant tout le temps que le projectile parcourt l'intérieur de l'arme. Le maximum de force sera communiqué au projectile, à la condition que le ressort, touchant toujours ce projectile jusqu'à sa sortie de l'arme, ait à ce moment, c'est-à-dire quand il est parvenu à l'extrémité du canon, épuisé toute sa puissance. Il conviendra donc que la charge de poudre brûle tout entière avant que le projectile soit sorti de l'arme à feu.

La comparaison de l'effet explosif de la poudre à l'action d'un ressort est très-juste et très-commode ; mais il ne faut abuser de rien, ni des comparaisons, ni des ressorts, si l'on veut rester dans la logique et dans la pratique. Laissant donc de côté tout parallèle, nous dirons, en revenant à notre véritable objet, qu'il résulte des considérations qui précèdent, que l'on doit calculer la longueur des armes, ainsi que la force et la quantité de poudre, de manière que la charge tout entière de poudre ait brûlé avant que le projectile soit sorti de l'arme.

Si nous supposons la vitesse moyenne du projectile dans l'arme, de trois cents mètres par seconde, et la longueur du canon d'un mètre, il faudra que la charge de poudre, pour produire son maximum d'effet, brûle en un peu moins de $\frac{1}{300}$ de seconde. Il est facile de comprendre que si la poudre brûle plus lentement, une portion des grains non brûlés sera lancée, comme un projectile, par les gaz, et ne brûlera qu'à l'extérieur du canon, c'est-à-dire sans aucun effet utile. C'est ce qui arrive, par exemple, quand la poudre est humide. Quand, au contraire, la poudre brûle trop vite, les gaz n'exercent pas leur action graduellement, le parcours d'une partie de l'arme est inutile, le projectile perd de sa force par le frottement contre les parois, et pour l'effet qu'elle produit, l'arme est trop longue.

C'est d'après ces principes que, dans la pratique, on fait varier la longueur des différentes armes suivant la distance à laquelle on veut tirer, et que l'on augmente ou diminue le poids du projectile et la quantité de poudre, selon la résistance de l'arme.

À part les considérations qui précèdent, la combustion trop lente ou trop rapide de la poudre, présente d'autres inconvénients. La poudre qui brûle lentement encrasse les armes ; celle qui brûle trop vite est *brisante, fulminante,* c'est-à-dire peut les faire éclater, ou tout au moins les détériorer en un temps très-court.

La poudre qui brûle avec trop de lenteur ne développe qu'une température peu élevée, parce qu'elle brûle en masse moindre à la fois, et que les causes de refroidissement peuvent agir d'une manière plus efficace ; en second lieu son action, n'étant pas subite, surmonte plus difficilement l'inertie du projectile, ainsi que l'adhérence aux parois de l'arme des particules solides résultant de la combustion de la poudre.

Les *poudres fulminantes,* c'est-à-dire à déflagration instantanée, brisent les armes, parce qu'avant que les gaz provenant de la combustion, aient eu le temps de détruire l'inertie du projectile et de le mettre en mouvement, ils ont acquis une tension énorme, qui peut surpasser le degré de résistance des parois du canon, et les briser.

Il est donc essentiel de fabriquer des poudres bien homogènes de composition, c'est-à-dire semblables entre elles, dont les propriétés explosives soient toujours les mêmes, et s'accommodent à des armes qui ne soient ni trop longues, ni trop lourdes ; en d'autres termes dont la combustion ne soit pas trop rapide, ce qui exigerait

Louis Figuier

des armes épaisses et courtes, par conséquent impropres à un tir exact, ni trop lente, ce qui nécessiterait des armes trop longues pour l'usage.

Si, d'après l'étymologie du mot, on laissait à la poudre la forme de *poussier*, comme on l'a fait longtemps, d'ailleurs, elle ne s'allumerait que lentement. On lui donne aujourd'hui la forme, non d'une substance pulvérulente, mais de grains d'un certain volume. Et voici pour quelles raisons.

Le mécanisme de l'explosion de la poudre, et même de toute explosion, est le suivant. Un point quelconque de la masse est porté à une température suffisante pour qu'il y ait combustion, c'est-à-dire combinaison avec l'oxygène ; cette première combustion provoque un nouveau dégagement de chaleur, en général très-vive. La couche qui entoure le premier point, déflagre ; puis cette première couche enflamme la seconde, et ainsi de suite. La chaleur va donc toujours en augmentant depuis le premier moment, et la marche de l'inflammation est d'autant plus rapide que la masse à allumer est plus rapidement pénétrée par le calorique.

Si l'on fait usage de poussier de poudre, la chaleur ne se propage qu'avec une difficulté extrême à travers ce corps, qui est très-mauvais conducteur du calorique, et qui ne laisse entre ses particules que des espaces microscopiques bientôt bouchés par de nouvelles particules, qui absorbent la chaleur émise. Si, au contraire, on fait usage de poudre à laquelle on ait donné la forme granuleuse, l'air qui sépare les grains, les enflamme plus vite, et la chaleur provenant de la combustion de chaque grain se transmet plus rapidement d'un point à l'autre de la masse.

C'est ainsi que l'on a été conduit à faire subir à la poudre, l'opération du *grenage*, que nous aurons à décrire.

On a également jugé indispensable de *lisser* la poudre. Le *lissage* consiste à durcir et à polir la surface du grain, pour qu'il ne se réduise pas de nouveau en poussier, pendant les transports ou les manipulations.

Plus les grains sont gros, et plus est lente la combustion de la poudre. Le diamètre des grains de la poudre à canon, fabriquée en France, varie entre 2^{mm}, 5 et 1^{mm}, 4 ; et celui des grains de la poudre à mousquet entre 1^{mm}, 4 et 0^{mm}, 6. Les grains des différentes poudres de chasse sont encore plus petits.

En résumé, la poudre est composée de salpêtre, de charbon et de soufre, parfaitement broyés et intimement mêlés, divisés en grains de grosseur déterminée, puis lissés, enfin séchés et époussetés. Nous décrirons ces différentes opérations telles qu'elles se pratiquent dans nos grandes poudreries ; mais il sera bon auparavant, de faire bien connaître les propriétés des trois ingrédients de la poudre, c'est-à-dire le salpêtre, le soufre et le charbon.

Salpêtre. — Le salpêtre a tiré son nom de son origine naturelle. Au VIIIᵉsiècle, les savants qui n'écrivaient qu'en latin, l'appelèrent, pour rappeler qu'il est extrait des pierres, du nom de *sal petræ*, c'est-à-dire *sel de pierre*. On l'extrait, en effet, de certaines pierres, à la surface desquelles il se produit naturellement.

À l'époque de la création de la nomenclature chimique, on plaça, avec raison, le salpêtre parmi les sels, et on le nomma *nitrate de potasse*, et plus tard *azotate de potasse*, parce qu'il résulte de la combinaison de l'*acide nitrique*, ou *azotique*, avec la *potasse*. Les mots *salpêtre*, *nitre*, *nitrate de potasse* et *azotate de potasse*, sont donc synonymes.

Le salpêtre, se trouve sur les murs humides, à la surface desquels il forme de petites aiguilles blanchâtres, d'une saveur froide et piquante. Comment se produit-il spontanément dans la nature ? L'acide azotique prend naissance aux dépens des éléments de l'air, dans les orages, par suite de la combinaison de l'oxygène avec l'azote. Sous l'influence de la décharge électrique, l'oxygène et l'azote qui existent dans l'air, se combinent et forment de l'acide azotique. Cet acide azotique tombe, dissous par l'eau de la pluie, sur la terre, et se combinant avec la chaux, la magnésie ou la potasse du sol, forme de l'azotate de chaux, de magnésie ou de potasse.

Cependant cette source de salpêtre n'est pas d'une grande importance. C'est dans d'autres conditions naturelles que ce sel se produit abondamment.

Toutes les fois que de l'oxygène et de l'azote se trouvent en présence, dégagés d'une combinaison quelconque, ils s'unissent, et forment de l'acide azotique. S'il existe, à proximité, une base alcaline ou terreuse, comme de la potasse, de la chaux, de la magnésie, cette base se combine à l'acide azotique, et forme des azotates de potasse,

Louis Figuier

de soude, de chaux, de magnésie ou d'ammoniaque. La présence de ces bases hâte, et provoque, pour ainsi dire, la formation de l'acide azotique.

Le salpêtre se forme naturellement dans tous les lieux humides où existent des matières animales riches en azote, c'est-à-dire dans les caves, les étables, les fosses à fumier, ainsi que sur les murs des habitations. Il n'apparaît que jusqu'à une certaine hauteur sur ces murs, parce que l'humidité est une condition nécessaire à sa formation, en vertu du vieil adage chimique, *corpora non agunt nisi soluta* ; on n'en trouve guère, en effet, au-dessus du premier étage. La formation du nitre est une cause incessante de destruction des murailles. Ce sel ronge et carie les plus fortes assises ; rien ne peut arrêter cette cause d'altération, sans cesse agissante. Il faut extraire les pierres qui en sont atteintes, et les remplacer.

Partout où la végétation a existé, les couches superficielles du sol renferment du salpêtre ; car l'acide azotique et la potasse ont été fournis par la décomposition des végétaux Certains terrains sont même assez riches en salpêtre pour qu'il suffise de lessiver les terres avec de l'eau chaude, pour en extraire ce sel, et en faire une exploitation régulière. On trouve des masses considérables de salpêtre accumulées dans le sol de certaines parties de l'Espagne, de l'Égypte, de l'Inde et de l'Amérique méridionale.

Le salpêtre est si abondant dans le sol de certaines contrées de l'Inde, qu'il suffit, pour le recueillir, de balayer la terre avec de longs balais, ou *houssines* : d'où le nom de *salpêtre de houssaye*. Ce salpêtre arrive en Europe en petits cristaux aiguillés, d'un blanc grisâtre ; mais il est très-impur.

Au milieu des déserts de l'Afrique, le major Gardon Laing a observé qu'au moment le plus froid de la journée, c'est-à-dire au lever du soleil, la terre se couvre d'une couche de nitre. La présence du salpêtre dans ces déserts semble prouver qu'à une époque distante d'un nombre de milliers d'années qu'on n'ose calculer, toute la partie de l'Afrique, aujourd'hui occupée par des sables, aurait été couverte d'une végétation luxuriante.

En réalisant artificiellement les conditions les plus favorables à la production du salpêtre, et en les exagérant, on est arrivé à créer les *nitrières artificielles*. On nomme ainsi des fosses remplies d'un mélange grossier de plâtre ou de terres calcaires, avec des débris de substances animales et végétales en putréfaction. Cette industrie existe en Normandie, en Suisse et en Suède. Dans les bergeries de l'Appenzell, les détritus organiques sont rassemblés, et par une disposition spéciale qui assure au mélange de ces matières, un accès abondant d'air atmosphérique, on arrive à fabriquer, avec bénéfice, du salpêtre artificiel.

Cependant cette industrie est assez peu rémunératrice. C'est que le salpêtre se forme naturellement avec tant d'abondance et de facilité, qu'il est superflu de recourir à l'intervention de l'art. Les vieux plâtras de démolition, — et Dieu sait si de nos jours, les matériaux de démolition, font défaut ! — sont chargés de sels nitreux. Il suffit de se procurer ces matériaux, de les lessiver comme il sera dit plus loin, pour se procurer une abondante récolte de ces sels.

Nous allons exposer, avec quelque attention, les procédés qui sont suivis en France, pour retirer le salpêtre des plâtras ou des vieux matériaux de démolition. Il faut seulement savoir, pour comprendre les opérations que nous allons décrire, que le salpêtre, c'est-à-dire l'azotate de potasse, n'existe pas seul dans ces plâtras ; il n'en forme même que la plus minime partie. L'acide azotique se trouve combiné surtout à la chaux et à la magnésie. De là résulte la nécessité d'une opération chimique, consistant à transformer en azotate de potasse, c'est-à-dire en salpêtre proprement dit, les azotates de chaux et de magnésie qui existent dans les vieux plâtras. Cette transformation s'opère avec une dissolution de carbonate de potasse, qui, agissant sur les azotates de chaux et de magnésie, préalablement enlevés aux plâtras par l'eau bouillante, produit des carbonates de chaux et de magnésie insolubles, et de l'azotate de potasse, qui reste dissous, et qu'il n'y a plus qu'à recueillir par l'évaporation du liquide et par la cristallisation.

Après cette explication, les opérations relatives à l'extraction du salpêtre seront facilement comprises.

La première opération consiste à lessiver, par l'eau froide, les plâtras, pour leur enlever les azotates de chaux, de magnésie et de potasse, qu'ils contiennent. On place les matériaux salpêtrés, quelle qu'en soit la provenance, dans des cuves de bois, ou dans des tonneaux défoncés par un bout, et dont le fond conservé est percé d'un trou, que l'on tient bouché. Le tonneau est porté sur un trépied, pour faciliter l'écoulement du liquide. On laisse digérer l'eau pendant un ou deux jours ; puis, plaçant à l'orifice, un bouchon de paille, on soutire le liquide. Ce liquide (*eaux faibles*) est versé sur de nouveaux matériaux. Lorsqu'il s'est ainsi chargé d'une plus grande quantité de sels, il porte le nom d'*eaux fortes*. Quand elles ont servi à opérer un troisième lessivage d'autres matériaux, ces eaux (*eaux de cuite*) sont assez riches pour être traitées chimiquement.

Ces eaux contiennent surtout des azotates de chaux, de magnésie, de potasse, de soude et d'ammoniaque, du chlorure de sodium et du sulfate de soude. On y ajoute du carbonate de potasse, ou plus simplement une lessive de cendres de bois, qui contient une forte proportion de carbonate de potasse. Par la réaction du carbonate de potasse sur les azotates dissous dans l'eau, il se forme des carbonates, insolubles, de chaux et de magnésie, et la liqueur retient les azotates de potasse, de soude et d'ammoniaque résultant de cette réaction.

Après cette opération ces eaux chargées d'azotates de potasse, de soude et d'ammoniaque, sont portées dans de grandes chaudières de fonte, et on Les chauffe jusqu'à l'ébullition. Pendant l'évaporation il se dépose des carbonates de chaux et de magnésie, ainsi que d'autres matières étrangères, ou des *boues*. Par les mouvements de l'ébullition ces *boues* sont amenées au centre de la chaudière. On les enlève continuellement à l'aide d'un chaudron suspendu à une chaîne, et que l'on manœuvre à l'intérieur du bain, au moyen d'un contre-poids, comme le montre la figure 144.

On active le feu, et, à mesure que le liquide diminue par l'évaporation, les sels qu'il renfermait encore se précipitent, dans leur ordre de moindre solubilité. Quand la concentration est arrivée à tel point que le salpêtre lui-même commencerait à cristalliser (ce que les ouvriers reconnaissent eu mettant une goutte de la liqueur au contact d'un corps froid, et la goutte venant à se figer), on verse le liquide dans de grandes bassines de cuivre, nommées *cristallisoirs*. On agite le liquide, pendant son refroidissement, pour obtenir le nitre en petits cristaux.

CHAPITRE V

Fig. 144. — Chaudière à concentration pour l'extraction du
salpêtre.

Voilà comment s'obtient le salpêtre ordinaire du commerce. Ces
opérations se pratiquent en France, dans les ateliers de l'industrie
privée. Le sel ainsi extrait des matériaux nitrés, et qui renferme
environ 25 pour 100 de matières étrangères, est vendu, par les
salpêtriers, aux ateliers du gouvernement, qui se chargent de
le *raffiner*, c'est-à-dire de l'amener à un état de pureté absolue,
indispensable, quand on veut consacrer ce sel à la fabrication de
la poudre.

Voici comment on procède, dans les ateliers du gouvernement, au
raffinage du salpêtre.

Louis Figuier

Se fondant sur ce fait que la dissolution aqueuse saturée d'un sel, est apte à dissoudre certains autres sels, on débarrasse le salpêtre brut des azotates de magnésie et de chaux qu'il renferme, ainsi que du sel marin, en lavant ces cristaux avec une dissolution saturée de salpêtre. On remplit du sel à raffiner, la capacité supérieure d'une boîte, AB, à double fond D (*fig.* 145), après avoir bouché avec de la paille les trous C, C, dont ce double fond est percé. On verse alors sur les cristaux une dissolution de salpêtre, qui ne peut plus dissoudre de salpêtre, mais qui peut se charger de sels étrangers. Au bout de deux ou trois heures, on débouche les trous, et le liquide s'écoule, au moyen d'un robinet, dans la rigole E. On répète cette opération à plusieurs reprises. Le liquide ayant servi à ces lavages, est renvoyé dans la chaudière de concentration, pour en retirer le salpêtre qu'il renferme.

Fig. 145. — Caisse à laver les cristaux du salpêtre.

Après avoir débarrassé le salpêtre des matières solubles, il faut en séparer les substances insolubles qui s'y trouvent mélangées.

On le fait dissoudre dans l'eau bouillante, en le plaçant dans une chaudière de fonte A (*fig.* 46), dans laquelle on introduit 75 parties d'eau et 25 parties du sel à raffiner. Quand la liqueur est bouillante, on y ajoute, pour la *clarifier*, un peu de sang de bœuf. Les matières terreuses en suspension sont emprisonnées dans l'albumine du sang de bœuf, qui se coagule dans le liquide bouillant, et la liqueur est ainsi *clarifiée*. On enlève ces dépôts avec des écumoires, au fur et à mesure qu'ils se produisent. La dissolution s'épure ainsi parfaitement. Quand elle est bien claire, on la fait écouler dans les *cristallisoirs*. Par le refroidissement, le salpêtre se prend en cristaux. Pour empêcher que ces cristaux ne soient trop volumineux, on trouble la cristallisation en agitant la liqueur pendant qu'elle se refroidit.

Fig. 146. — Chaudière pour le raffinage du salpêtre.

Les petits cristaux de salpêtre raffiné sont recueillis et portés dans des caisses à double fond, semblables à celle qui a été représentée plus haut (*fig.* 145). Là on les lave, à trois ou quatre reprises, avec de l'eau pure, pour les débarrasser des eaux mères qu'ils retiennent, c'est-à-dire de la dissolution au sein de laquelle ils ont cristallisé, et qui les imprègne encore.

Il ne reste plus qu'à laisser égoutter les cristaux et à les sécher. On emploie, à cet effet, la chaleur perdue par les fourneaux dans lesquels se fait l'évaporation d'autres liqueurs. Sur la figure 146 qui représente le fourneau et la chaudière à évaporation, on voit la disposition qui permet de profiter de la chaleur du fourneau pour sécher les cristaux de salpêtre. Les cristaux du sel à dessécher sont placés dans une cavité en maçonnerie, B, et chauffés au moyen des carneaux C, C, par l'air chaud, qui se rend dans la cheminée, en sortant du foyer.

En terminant ce qui concerne le salpêtre, nous ajouterons qu'il existe un azotate naturel, qui pourrait servir, sans aucune purification, à préparer la poudre : c'est l'azotate de soude, que l'on trouve au Pérou en quantités considérables. On a plusieurs fois essayé de substituer cet azotate de soude à l'azotate de potasse, dans les manufactures de poudre ; mais on a reconnu que la poudre préparée avec ce produit naturel n'a pas une force explosive suffisante, et l'on a dû s'en tenir au salpêtre à base de potasse.

Charbon. — Le charbon est l'élément essentiel de la poudre ; on n'a jamais songé à le remplacer par un autre combustible. On ne trouverait pas, en effet, de corps plus maniable, à meilleur marché, et donnant, par sa combinaison avec l'oxygène, un aussi grand volume de gaz.

Le charbon dont on se sert pour la préparation de la poudre, provient du bois décomposé par la chaleur.

Le bois est un corps très-complexe, formé d'un grand nombre de combinaisons diverses entre les quatre éléments dont il se compose, et qui sont le carbone, l'hydrogène, l'oxygène et l'azote.

La *carbonisation,* c'est-à-dire l'extraction du charbon, du bois qui le renferme, consiste à placer le bois à l'abri de l'oxygène de l'air, afin qu'il ne brûle pas ; puis à le porter à une température telle que les nombreux composés des quatre corps simples cités plus haut, ne pouvant résister à l'élévation de la température, se dissocient, et forment des combinaisons d'un ordre plus simple, en général gazeuses, en laissant comme résidu fixe et infusible, le charbon. Par l'action de la chaleur, l'oxygène du bois se dégage à l'état d'acide carbonique et d'oxyde de carbone, l'hydrogène à l'état de vapeur d'eau ou d'hydrogène carboné, l'azote à l'état de corps simple, ou bien associé à l'hydrogène, et formant de l'ammoniaque, ou plutôt du carbonate d'ammoniaque. Le charbon, matière fixe et infusible, constitue le résidu de cette décomposition.

Pendant longtemps, en France, on a préparé le charbon de bois destiné aux ménages, dans des meules bâties au milieu des forêts, avec les branches des arbres ; et cette opération est encore en usage dans beaucoup de pays.

Les meules des charbonniers sont des assemblages de branches d'arbres, recouverts de terre à leur partie supérieure. Au centre, on plante une perche (*fig.* 147), et l'on appuie tout autour les premiers fagots du bois à carboniser ; de telle sorte qu'il reste un espace libre plein d'air, qu'on a soin de faire communiquer avec l'extérieur, par un canal ménagé entre les autres fagots. Ces fagots sont disposés par couches parallèles, et appliqués les uns contre les autres, sans vide intermédiaire. Quand la meule est achevée, on met le feu à des matières très-combustibles laissées au centre, et qu'on remplace à mesure qu'elles se consument. Bientôt, la masse s'échauffant, les gaz se dégagent par la partie supérieure, et une demi-combustion du tout se manifeste. La figure 148 représente une meule de bûcheron en plein travail. Au bout de quelques jours on étouffe le feu en le recouvrant d'une natte mouillée, et on laisse refroidir la masse. On obtient ainsi environ 16 de charbon pour 100 de bois privé d'écorce.

Fig. 147. — Coupe verticale d'une meule à charbon de bois.

Fig. 148. — Fabrication du charbon de bois dans les forêts.

Louis Figuier

À cette ancienne méthode de préparation du charbon de bois, on a substitué, de nos jours, un système plus savant, calculé de manière à éviter les pertes d'écorce.

Fig. 149. — Cylindres pour la carbonisation du bois en vases clos (coupe verticale et horizontale)

La *carbonisation en vases clos* s'exécute dans des cylindres de fonte, AB (*fig.* 149) semblables à ceux qu'on emploie pour la fabrication du gaz de l'éclairage. Un des côtés du cylindre est fermé par une plaque mobile B. L'autre côté est percé d'un trou bouché avec des baguettes, C du même bois que celui sur lequel on opère. Un tube recourbé AE donne passage aux produits volatils, qui se rendent dans une fosse F, et auxquels on ne fait d'ailleurs aucune attention, tous les soins étant portés sur la carbonisation du bois. De temps en temps, on retire la baguette, qui bouche le tube C, afin de juger du progrès de l'opération. Quand on la croit suffisamment avancée, on éteint le feu. On ne décharge les cylindres que le lendemain, car l'exposition à l'air du charbon encore chaud, et prodigieusement poreux, pourrait amener son inflammation spontanée.

Par la carbonisation en vases clos, on obtient 40 de charbon pour 100 de bois calciné.

Ce procédé perfectionné, employé dans beaucoup de pays, pour la préparation du charbon, présente quelques inconvénients, qui l'ont fait rejeter de la pratique dans nos poudreries. Si la chaleur est trop forte ou brusque sur un point, le bois entre comme en fusion, et se transforme en une masse boursouflée semblable au coke qu'on retire des cornues à gaz de l'éclairage. En outre, les opérations les mieux conduites ne produisent que du charbon roux, qui est beaucoup trop combustible pour entrer dans la composition de la poudre. Les charbons obtenus avec l'appareil figuré plus haut, détérioraient si rapidement les armes à feu, que le conseil supérieur de l'artillerie, craignant pour la conservation de son matériel, avait décidé qu'on en reviendrait à l'ancien procédé, c'est-à-dire à la carbonisation en meules.

M. Violette, commissaire des poudres et salpêtres, fit adopter en 1848, pour la fabrication des charbons destinés aux poudres, un appareil dans lequel la carbonisation du bois est produite par la vapeur d'eau surchauffée. L'idée première de ce procédé appartient à MM. Thomas et Laurens. M. Castillon l'avait mis en pratique dans les poudreries de Belgique mais sans en obtenir des résultats satisfaisants.

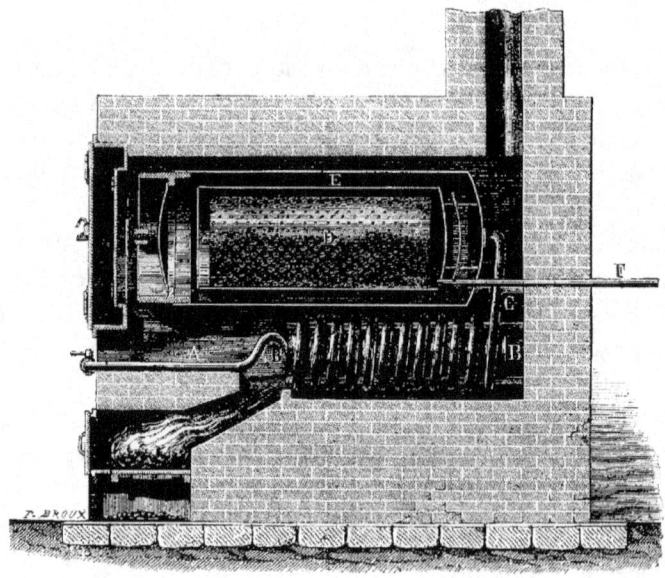

Fig. 150. — Appareil de M. Violette pour la carbonisation par la vapeur d'eau.

Dans l'appareil de M. Violette (*fig.* 150), le bois est placé dans un cylindre, D, renfermé lui-même dans un autre cylindre E, afin de répartir plus uniformément la chaleur dans la masse à carboniser.

Louis Figuier

Le jet de vapeur arrive d'une chaudière avec la pression de deux atmosphères. Réglée par un robinet R, la vapeur venant de la chaudière passe au moyen d'un tube A, dans un serpentin de fer B, où elle s'échauffe à une température d'environ 300 degrés, par l'action du foyer G, Puis elle pénètre dans le cylindre par le tube C, échauffe le bois contenu dans les cylindres, et sort finalement par le tube F, entraînant avec elle les produits de la distillation du bois.

L'intensité de la fumée qui s'exhale par le tube F, fait connaître par sa couleur et par sa quantité les progrès de l'opération. La distillation marchant, comme à l'ordinaire, c'est-à-dire à une température de 300 à 340°, on voit d'abord apparaître de l'eau, qui forme un jet de vapeur bleuâtre, puis des acides carbonique et acétique, et de la suie, sous forme d'un nuage obscur, qui peut brûler avec une flamme rouge. Puis vient l'oxyde de carbone, qui donne une flamme bleue. Plus tard la fumée s'éclaircit ; et à la fin apparaissent les hydrogènes carbonés, composant le gaz à éclairage. La flamme passe au violet, puis successivement au jaune et au blanc éclatant. Enfin toute fumée cesse ; la flamme diminue et finit par s'éteindre.

On a dit avec raison : *tel charbon, telle poudre.* On comprend donc avec quel soin il faut procéder à la fabrication du charbon, pour obtenir les bons effets qu'on en attend.

D'après M. Violette, le bois chauffé à 150°, donne un charbon de couleur brune, qui brûle avec flamme et fumée, comme le bois même. Obtenu à 270%, le charbon est roux et cassant ; il donne toujours de la flamme. Préparé à la température de 280°, le charbon est friable et très-inflammable ; il est excellent pour la poudre de chasse. C'est à la température de 340° que l'on obtient le charbon noir, destiné à la préparation de la poudre à mousquet. Obtenu avec de la vapeur à 442°, le charbon est très-noir, et propre à la fabrication de la poudre à canon.

La préparation du charbon par la vapeur d'eau surchauffée, fournit 42 parties de charbon pour 100 parties de bois privé d'écorce.

Pour fabriquer les charbons destinés à entrer dans la composition de la poudre, on prend des bois très-légers : la chènevotte, le fusain, le peuplier, le hêtre, la bourdaine. En Espagne, on emploie le bois de chènevotte, en France le bois de bourdaine. On cueille, au printemps, les branches de l'année précédente, on en ôte l'écorce, et on les met à sécher. Ces arbres donnent un charbon léger, et facilement inflammable. Dans les feux d'artifice, où l'on recherche surtout les effets d'étincelles, les charbons brûlant vite seraient d'un mauvais usage : on emploie, dans ce cas, les charbons denses, ceux du chêne par exemple. On comprend sans peine que les bois très-lourds, fournissent les charbons denses ; et les bois légers les charbons légers, parce que le charbon conserve à peu près la forme et la structure du bois d'où on l'a tiré.

Les propriétés du charbon sont extrêmement diverses suivant le bois d'où on l'a retiré et le mode de carbonisation qui a été mis en usage.

Un litre de charbon de chènevotte pèse 59 grammes, un litre de charbon de chêne 383 grammes ; ce qui donne pour leur densité environ 0,06 et 0,4. C'est entre ces deux extrêmes que se rangent les densités des autres charbons de bois. On trouve dans la nature des charbons beaucoup plus lourds, la houille, le graphite, par exemple, et le diamant qui est du carbone pur, et dont la densité est 3,5, c'est-à-dire neuf fois plus considérable que celle du charbon de chêne. On arrive pourtant, au moyen de la compression, à donner au charbon de bois une densité remarquable. M. Vergnaud a obtenu des charbons dont la densité est représentée par 3, en les soumettant à une trituration prolongée sous les meules de la poudrerie d'Esquerdes, appareil dont le poids est évalué à 15 000 kilogrammes.

La couleur du charbon dépend de sa calcination plus ou moins complète. Il est tout à fait noir quand il a été soumis à une température suffisante, et assez longtemps prolongée. Moins bien carbonisé, il est roux : il participe alors encore des propriétés du bois, et brûle avec flamme. Les poudres faites avec les charbons roux, brûlent trop vite, et sont brisantes. En outre, le charbon roux se pulvérise mal ; aussi sa fabrication a-t-elle été abandonnée dans les poudreries de l'Etat.

Le charbon est hygrométrique, c'est-à-dire qu'il attire l'humidité de l'air. Par cette absorption d'eau, il augmente de poids et devient moins combustible. Cette propriété n'est que trop souvent mise à profit par les marchands de charbon, qui le débitent contenant jusqu'à 35 et 40 pour 100 d'eau. C'est en raison du charbon qu'elle

Louis Figuier

renferme, que la poudre est hygrométrique, c'est-à-dire absorbe l'humidité. Si on l'abandonne à l'air humide, elle est exposée à perdre de ses qualités.

Le charbon partage avec tous les corps poreux, la propriété, très-curieuse, d'accumuler, de condenser entre ses pores et d'emmagasiner d'énormes quantités de gaz : il peut en absorber jusqu'à 200 et 300 fois son volume. La mousse de platine, le corps le plus poreux que l'on connaisse, peut absorber 1200 fois son volume de gaz hydrogène, lequel se trouve soumis à l'intérieur du métal, à une pression de plus de 1200 atmosphères. Cette condensation se produisant d'une manière subite, développe une chaleur telle que, lorsqu'on introduit un fragment de mousse de platine dans le gaz hydrogène, en opérant en présence de l'air, l'hydrogène s'enflamme aussitôt, et l'on voit se produire ce curieux phénomène d'un gaz qui s'enflamme et détone par le simple contact d'un corps froid.

Le charbon condense les gaz avec moins de puissance que le platine ; mais il peut, lorsqu'il est récemment préparé, et réuni en grandes masses, absorber assez d'air pour s'échauffer et prendre feu spontanément. Peut-être l'hydrogène qui reste engagé dans ses pores, après sa préparation, concourt-il à cette action en s'enflammant et communiquant le feu à la masse. Quoi qu'il en soit, de nombreux et redoutables incendies ont été dus à l'inflammation spontanée du charbon destiné à entrer dans la préparation de la poudre, et ont amené l'explosion de poudrières, en divers pays.

La condensation des gaz par le charbon a pourtant, quand il s'agit de la poudre, un effet utile. Les gaz emmagasinés dans la poudre, se dégageant au moment de l'explosion, ajoutent leur effet à celui des autres gaz, et augmentent la puissance balistique de la charge.

Soufre. — Le soufre est un corps simple abondamment répandu dans la nature, surtout à l'état de combinaison. À l'état de corps simple, on le trouve mélangé à la terre autour des centres volcaniques. Il existe, à l'intérieur de différents terrains, combiné avec les métaux et formant des sulfures. Les plus importants de ces sulfures naturels, sont les pyrites, c'est-à-dire les sulfures de fer et de cuivre.

La presque totalité du soufre consommé en Europe, a été fournie jusqu'à l'année 1830, par le royaume des Deux-Siciles :

les environs de l'Etna et la solfatare de Pouzzoles suffisaient à l'approvisionnement des marchés européens. Mais depuis cette époque, on s'est adressé aux pyrites naturelles, et même au plâtre, pour en extraire le soufre destiné aux besoins de l'industrie.

Le mode d'extraction du soufre, que l'on suivait, était le suivant. On réunissait en petits monticules, les terres soufrées recueillies aux environs de l'Etna, ou à la solfatare de Pouzzoles, et on y mettait le feu, par la partie supérieure, à l'aide d'une fascine préalablement trempée dans le soufre fondu et allumée. La combustion marchait lentement, échauffant les couches inférieures, lesquelles laissaient couler une partie de leur soufre ; ce soufre recueilli constituait le *soufre brut*. Ici, la matière à extraire servait elle-même de combustible, pour échauffer la masse et déterminer la liquéfaction du soufre.

À Girgenti (Sicile), fut imaginé et employé un procédé intermédiaire entre le précédent et le procédé par *distillation*, dont nous aurons à parler tout à l'heure. On bâtissait, avec de minces briques, une chambre, que l'on faisait communiquer, par une large conduite, avec un foyer. Dans cette chambre, on entassait les terres soufrées. Les produits de la combustion du foyer et la presque totalité de sa chaleur se répandaient dans la chambre et l'échauffaient. Le soufre entrait en fusion et s'écoulait à l'extérieur. Mais une grande partie du soufre restait opiniâtrement mêlée à la terre, et n'en pouvait être séparée, ce qui occasionnait des pertes notables.

C'est à la *solfatare* de Pouzzoles, près de Naples, qu'on mit pour la première fois en usage le procédé d'extraction du soufre par *distillation*. Les appareils dont on se servait étaient de la plus grande simplicité. De grands pots de terre A, A' sont disposés en plusieurs rangées parallèles, dans un four chauffé au bois (*fig.* 151). Aux couvercles bien lutés de ces vases, est adapté un tube c, c', qui se rend dans un récipient semblable B, B', placé au dehors du four. Quand la chaleur est suffisante, le soufre fond, puis distille. La vapeur passant par les tubes c, c', se condense, à l'état liquide, dans le vase du dehors, et coule de là, par un tuyau, dans le baquet, où il se fige.

Louis Figuier

Fig. 151. — Appareil pour l'extraction du soufre des environs des volcans.

La solfatare située près de la ville de Pouzzoles, à deux lieues de Naples, est un cratère éteint, et aujourd'hui rempli de sable. Jusqu'au commencement de notre siècle on extrayait le sable de la solfatare, et on le distillait dans l'appareil figuré plus haut, pour en retirer le soufre, qui s'y trouve contenu dans la proportion de 20 à 30 pour 100. L'extraction du sable se faisait sur plusieurs points à la fois. On ne pouvait cependant creuser que jusqu'à une profondeur de dix mètres, à cause de la chaleur qui devenait alors insupportable pour les ouvriers.

L'extraction du soufre est complètement abandonnée aujourd'hui, à la solfatare de Pouzzoles. Le voyageur qui visite les curiosités sans nombre des environs de Pouzzoles, ne manque pas de se rendre à la célèbre solfatare. Il n'y voit plus, comme autrefois, des

CHAPITRE V

centaines d'ouvriers occupés à extraire le soufre des sables. La vaste enceinte du cratère est entièrement recouverte de joncs et d'herbes sauvages ; et la terre soufrée n'est plus recueillie que par quelques ouvriers solitaires, qui en fabriquent une sorte de stuc. Ce cirque immense, qui fut autrefois le théâtre d'éruptions volcaniques, qui plus tard devint un champ de travail industriel n'est donc maintenant qu'un désert. Le touriste n'y trouve qu'une sorte de cheminée volcanique encore fumante, d'où s'exhalent, avec bruit, des gaz, tels que l'acide carbonique, l'azote, l'hydrogène sulfuré et un peu de soufre en vapeur. On fait remarquer aux curieux que le sol résonne sourdement quand on y projette une pierre avec force ; ce qui prouve que la croûte qui forme le sol, recouvre d'anciennes cavités volcaniques.

Le *soufre brut* obtenu en Sicile, aux environs de l'Etna, ou recueilli à Pouzzoles, contient beaucoup d'impuretés, et surtout de la terre. On peut employer immédiatement ce soufre à la fabrication de l'acide sulfurique, mais il serait tout à fait impropre à la fabrication de la poudre et aux autres usages industriels. On le purifie complètement en le soumettant à la distillation. Le soufre étant volatil, il suffit de le placer dans un appareil distillatoire convenablement construit, et de recueillir ses vapeurs, pour le séparer de toutes les impuretés.

Cette opération ne se fait pas en Sicile, Le soufre brut est transporté par des navires, dans le midi de la France, et c'est à Marseille que sont établies les grandes distilleries de soufre.

L'appareil pour la distillation du soufre (*fig.* 152) se compose d'un récipient A, où l'on place le soufre grossièrement concassé. Liquéfié par la chaleur du foyer, le soufre coule par un tube *a, a*, dans une cornue de fonte B, fortement chauffée à la houille. Le soufre s'y réduit en vapeurs, qui passent dans une grande chambre C, en maçonnerie, dont le sol est légèrement incliné. Tant que la chambre est froide, le soufre se dépose sur les murs, sous forme de poudre. On peut le recueillir à cet état : il porte alors le nom de *fleur de soufre*. Quand l'opération se prolonge, la chambre s'échauffe, les dépôts formés sur les murailles fondent, et le soufre liquide forme une nappe sur le sol de la chambre. Pour le recueillir, on retire une plaque de fonte, qui ferme cette paroi, au moyen de la tige DD' Le soufre vient tomber dans le bassin E. Il est maintenu

Louis Figuier

en fusion dans cette chaudière, qui est légèrement chauffée. Là, des ouvriers le puisent avec des cuillers, et le versent dans des moules en bois, L, entourés d'eau. Les *canons* de soufre ainsi moulés, sont emmagasinés dans une caisse M.

Fig. 152. — Appareil pour la distillation du soufre dans les raffineries de Marseille.

Remarquons qu'à la partie supérieure de la chambre, est une ouverture, H, fermée par Une soupape. Cette soupape s'ouvre quand la pression de la vapeur est trop forte. Alors l'air peut rentrer dans la chambre et ramener la pression à son état normal. Quand on n'usait pas de cette précaution, la vapeur intérieure

CHAPITRE V

faisait quelquefois éclater la chambre, et exposait les ouvriers à être brûlés ou asphyxiés.

Ainsi purifié, le soufre est d'une couleur jaune-serin ; il est deux fois plus pesant que l'eau. Il est si mauvais conducteur de la chaleur, que, tenu dans la main, il fait entendre des craquements, par suite de la rupture intérieure de ses cristaux, déterminée par la difficulté du passage du calorique à l'intérieur de sa substance. Quelquefois même le bâton de soufre se casse en plusieurs fragments. Voici ce qui se passe alors. Les parties échauffées par le contact de la main, se dilatent avant que la chaleur se soit communiquée aux parties voisines ; et comme l'adhérence entre les diverses portions est très-faible, toute la masse se sépare brusquement en un ou deux monceaux.

Les poudreries n'emploient que le soufre en canon. En effet, le soufre en poudre des raffineries ou *fleur de soufre*, n'est pas pur : il retient toujours de l'acide sulfureux, qu'on ne pourrait en séparer que par des lavages prolongés à l'eau froide.

Le soufre a été obtenu jusqu'à l'année 1830, environ, par les procédés que nous venons de décrire, c'est-à-dire par son extraction des sables sulfurifères de Pouzzoles et de la Sicile, et la distillation du produit brut dans de nouvelles usines. Mais à partir de cette époque, le soufre d'Italie a tenu une place infiniment moindre sur nos marchés. Au soufre des volcans on a substitué celui que l'on peut retirer des pyrites (sulfures de fer ou de cuivre). Voici dans quelles circonstances s'est opérée cette révolution dans la chimie industrielle.

Le roi de Naples était possesseur des soufrières de la Sicile, et comme ce produit était le seul à alimenter les marchés de l'Europe, Ferdinand II imposait ses conditions à toute l'industrie. Pressé par les besoins du trésor public, il en vint graduellement à frapper l'exportation des soufres d'Italie de droits exorbitants, qui allaient jusqu'à doubler la valeur de la matière première.

En fait de science, le roi de Naples était d'une parfaite ignorance ; ce qui n'étonnera guère ceux qui connaissent l'histoire du roi *Nasone*, ceux qui savent qu'il recherchait beaucoup plus les *lazzi* et la société des portefaix du port de Naples, que les leçons et les entretiens des savants de son royaume. Dans sa décision

Louis Figuier

douanière, le roi Ferdinand n'avait tenu aucun compte de la chimie, par la raison qu'il ne connaissait pas la chimie, et qu'il ne pouvait, par conséquent, prévoir la guerre que cette science pourrait déclarer à ses prétentions fiscales. C'est pourtant ce qui arriva. En présence des droits exagérés de l'exportation des soufres de Sicile, en présence du haut prix auquel cette matière revenait dans les ports, les chimistes de l'Angleterre, de l'Allemagne et de la France, songèrent à élever une concurrence sérieuse contre le soufre d'Italie. Ils ressuscitèrent un procédé d'extraction du soufre des pyrites, qui avait été employé sous la République française, mais auquel on ne songeait plus. On se mit donc à traiter chimiquement les pyrites, si abondantes en France et en Allemagne, pour en retirer le soufre, et grâce au progrès de l'industrie, grâce à l'émulation de l'intérêt privé, on arriva bientôt à faire cette extraction avec une sûreté et une économie extraordinaires.

Le commerce de la Sicile ne s'est jamais relevé de ce coup. En effet, lorsque Ferdinand II, revenant à de plus sages pensées, rétablit, dans une mesure raisonnable, les droits d'exportation du soufre, les grandes usines qui s'étaient établies en Allemagne, en Angleterre et en France, sous l'empire des taux élevés, continuèrent de produire du soufre à un prix avantageux. Aujourd'hui, la plus grande partie du soufre que consomme l'industrie européenne, provient des pyrites, et la Sicile n'en fournit qu'une faible proportion.

C'est ainsi que la principale industrie de l'Italie méridionale fut anéantie, parce que le roi des Deux-Siciles ne savait pas la chimie.

Le sculpteur qui fut chargé d'exécuter la statue en pied de Ferdinand II, qui devait figurer à l'entrée du Musée de Naples (*Museo Borbonico*), eut l'étrange idée de représenter le roi sous la forme et dans l'attirail de la Minerve antique. Depuis la révolution italienne, qui a envoyé dans l'exil le successeur et la famille du roi de Naples, cette statue est reléguée dans un coin du Musée, cachée derrière un rideau, comme il convient aux effigies des princes détrônés et des membres des dynasties déchues. J'ai vu à Naples, en 1865, cette statue éclipsée et voilée, et je vous assure qu'il n'est rien de plus grotesque que le roi *Bomba* coiffé du casque de Minerve. Il est du moins certain que, lorsqu'il promulgua son fameux décret sur les droits d'exportation des soufres de Sicile, le roi des lazzaroni avait oublié de poser sur sa tête le casque de la déesse de la sagesse.

CHAPITRE V

CHAPITRE VI

PROCÉDÉS DE FABRICATION DE LA POUDRE. — LE PROCÉDÉ
DES PILONS. — LE PROCÉDÉ DES MEULES. — LE PROCÉDÉ
RÉVOLUTIONNAIRE.

Après cette histoire chimique abrégée des trois ingrédients de la poudre, nous passons à la description des procédés divers de sa fabrication.

Nous parlerons d'abord de la préparation de la poudre de guerre.

La première opération consiste à triturer et à mélanger les trois substances qui doivent composer la poudre.

Fig. 153. — Pilons et mortiers des manufactures de poudre.

La trituration et le mélange s'effectuent à l'aide de pilons de bois *cd*, dans des mortiers de bois de chêne, *a*, dont le fond *b* est fait d'un morceau de cœur de chêne à fibres verticalement disposées. Le pilon *cd* (*fig.* 153) du poids de 40 kilogrammes, est fait d'une pièce de hêtre, garnie à son extrémité d'une boîte formée d'un alliage de 80 de cuivre et de 20 d'étain. Ces pilons tombent d'une hauteur d'un demi-mètre environ, et frappent de cinquante à soixante coups par minute. Ils sont mus par une roue à cames, actionnée

Louis Figuier

par une roue hydraulique.

La figure 154 représente la roue hydraulique d'un moulin à poudre, et le système mécanique fort simple qui provoque l'élévation et la chute successive des pilons dans les mortiers pleins du mélange destiné à former la poudre. La roue A, mue par une chute d'eau, fait tourner l'axe de la roue B ; cette dernière roue soulève la came C, par le petit disque plein, D, ce qui fait continuellement élever et retomber le pilon dans le mortier rempli de mélange. Chaque roue fait mouvoir deux pilons, comme le montre la figure 154.

Fig. 154. — Moulin à poudre et sa roue hydraulique.

La poudrerie d'Angoulême possède sept moulins, faisant fonctionner chacun douze pilons, disposés en deux rangées. Chaque pilon fabrique 10 kilogrammes de poudre par jour, ce qui donne par 24 heures un total de 840 kilogrammes de poudre.

Les proportions de salpêtre, de charbon et de soufre, sont les suivantes pour chaque mortier : $1^{kil},25$ de charbon, et autant de soufre, auxquels on ajoute 1 kilogramme d'eau. On mélange à la main les deux substances, pendant cinq minutes ; puis on les transvase dans un boisseau, et on y ajoute 7 kilogrammes et demi de salpêtre tamisé. Ce mélange est placé dans le mortier. La charge de chaque mortier est ainsi de 11 kilogrammes.

On commence par battre doucement le tout, de manière à ne donner que 30 à 40 coups de pilon par minute ; puis on augmente la vitesse de la roue hydraulique, jusqu'à donner 55 à 60 coups de pilon par minute. On transvase d'heure en heure, le mélange, dans d'autres mortiers, et l'on continue ainsi pendant onze heures, en ajoutant fréquemment de l'eau.

On appelle *galette* le mélange de ces substances ainsi battues.

Le *rechange* a pour but de faciliter le mélange et d'empêcher que la *galette* n'adhère trop fortement au fond du mortier ; car, sous l'action du pilon, elle pourrait y prendre un échauffement dangereux.

Les galettes retirées des mortiers sont abandonnées, pendant deux ou trois jours, à l'air libre, pour les faire sécher.

Quand la pâte a acquis la consistance voulue, on la soumet au *grenage*.

Cette opération se fait à l'aide d'un tamis BO (*fig.* 155) appelé *guillaume*, sur lequel se meut un disque de bois dur, C, plus épais au milieu que sur les bords. L'ouvrier brise la galette avec ce disque de bois, et les fragments traversent les trous du *guillaume*. On comprend que la dimension des trous dont ce tamis est percé détermine la grosseur du grain de poudre. Les grains de poudre formés par le passage des fragments à travers le crible s'écoulent par un conduit *oo*. Si l'on veut obtenir des grains plus petits, au-dessous du premier crible, on en dispose un second, IH, à trous plus petits.

On se sert aussi pour le grenage, du *tonne-grenoir*, inventé par M. Maurey, ancien directeur de la poudrerie du Bouchet. Ce sont deux disques de bois réunis par des traverses et supportant deux cribles en toile de fil de laiton, emboîtés et tendus au moyen de cordes. La toile intérieure est munie de larges mailles, et la toile extérieure de mailles ayant la dimension qu'il faut donner aux grains de la poudre, suivant la qualité qu'on veut obtenir. Le tout est mis en mouvement par un moteur mécanique.

Louis Figuier

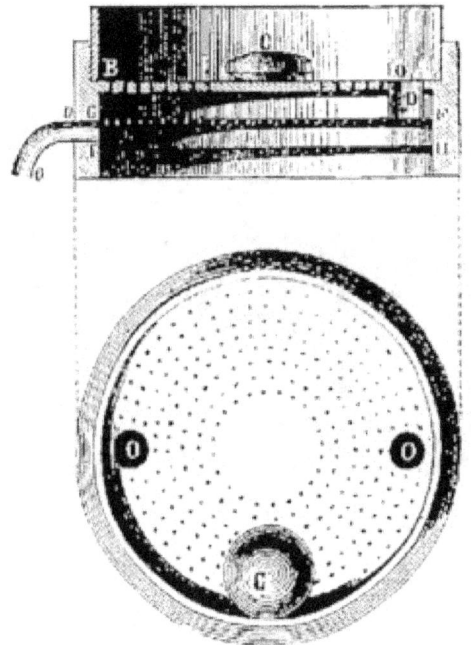

Fig. 155. — Guillaume (coupe horizontale et coupe verticale).

La figure 155 donne une coupe verticale et une coupe horizontale du *guillaume*.

Le *tonne-grenoir* a été un grand progrès sur le *guillaume*, qui forçait à réunir un grand nombre d'ouvriers dans un atelier où il est assez dangereux de séjourner.

Pour faire subir à la poudre l'opération du *lissage*, on fait tourner les grains dans des tonnes AA' (*fig.* 156), montées sur un axe horizontal, DB. À l'intérieur de ces tonnes sont disposées des pièces de bois clouées en longueur. On y place les grains de poudre, humectés de 12 pour 100 d'eau. L'eau est destinée à dissoudre un peu de salpêtre ; le frottement imprimé aux grains, leur donne de l'éclat, les rend lisses et polis.

Les ouvertures et les entonnoirs *o, o*, sont destinés à laisser couler la poudre dans les tonneaux K, quand l'opération est terminée. Deux petites portes, *c, c*, permettent d'introduire la poudre dans la tonne, et de l'en retirer après le lissage.

Fig. 156. — Appareil pour le lissage de la poudre.

Les poudres de guerre ne reçoivent qu'un faible lissage. La durée de l'opération est plus longue pour les poudres à mousquet que pour les poudres à canon, et plus longue surtout pour les poudres de chasse.

Il ne reste plus qu'à sécher la poudre. Quand le temps est beau, on la sèche en plein air, sur des toiles de coton étendues sur de longues tables.

Le séchage artificiel s'opère en étendant la poudre sur des draps fixés au-dessus de vastes caisses, que l'on fait traverser par de l'air chaud. Cette opération présente quelques dangers, vu la difficulté de maintenir le courant d'air chaud à une température égale.

La poudre, en séchant, laisse une quantité notable de poussier, qu'on enlève à l'aide de l'*époussetage*. C'est la dernière opération que subit la poudre de guerre ; il ne reste plus qu'à l'enfermer dans les barils.

Nous venons de décrire la préparation de la poudre de guerre. Parlons maintenant des poudres de chasse.

Les poudres de chasse sont de trois espèces : la *poudre fine*, la

Louis Figuier

poudre *super fine*, et la poudre *extra fine*. Dans toutes trois, les éléments de la poudre entrent dans les mêmes proportions, à savoir, pour 100 parties en poids :

Salpêtre pur	78
Charbon pulvérisé	12
Soufre divisé	10

Les différences entre les trois qualités de poudre de chasse, tiennent à leur degré différent de finesse, lequel est déterminé par les diverses opérations de broyage et de granulation qu'on leur fait subir.

La préparation de la poudre de chasse se fait généralement dans des appareils autres que ceux que nous avons décrits jusqu'ici.

On pulvérise et on mélange les trois ingrédients de la poudre de chasse, non en les pilant dans des mortiers, mais en les faisant tourner dans des tonnes avec un poids égal de gobilles de bronze.

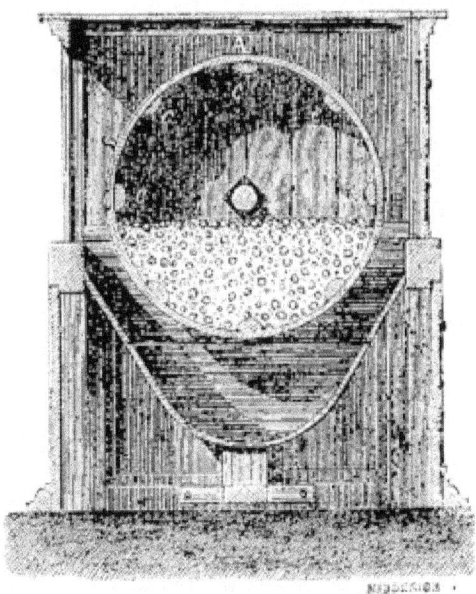

Fig. 157. — Tonne pour la pulvérisation des poudres de chasse (coupe verticale).

CHAPITRE VI

Fig. 158. — Tonne pour la pulvérisation des poudres de chasse (élévation).

La figure 157 montre la coupe verticale, et la figure 158 l'élévation de cet appareil. À l'intérieur du cylindre A (*fig.* 157), sont disposés des tasseaux longitudinaux, *c, c,* servant à retenir les gobilles et à les faire tomber sur la matière à broyer. Le mouvement de rotation est imprimé à la tonne A (*fig.* 158) au moyen de la courroie D, qui transmet à l'axe BB' l'action de la force motrice.

Quand le broyage est terminé, on ouvre une porte *t, t* et on place dans l'intérieur de l'appareil une toile métallique destinée à retenir les gobilles. Le mouvement de rotation continuant, les éléments pulvérisés tombent dans l'espace G (*fig.* 158), et sont recueillis dans des barils.

On pulvérise séparément dans ces tonnes, le salpêtre et le charbon. Le soufre est pulvérisé quelquefois avec le charbon ; mais le plus souvent on le pulvérise seul, parce qu'il est utile, après sa pulvérisation, de le soumettre au *blutage*. Le *blutage* est surtout

Louis Figuier

destiné à séparer du soufre les petits grains de sable qu'il contient et qui pourraient causer des accidents pendant la fabrication de la poudre au moyen des meules.

Le *blutoir* employé dans les manufactures de poudre, pour tamiser le soufre, est semblable au blutoir ordinaire qui sert à préparer les farines. Il consiste en un cylindre long de 2 à 3 mètres, dont la carcasse de bois est recouverte d'un tissu de soie très-serré. Il est renfermé tout entier dans une caisse de bois, pour éviter la déperdition des poussières projetées par la rotation du cylindre. Le bas de la caisse est partagé en deux ou trois compartiments, par des cloisons parallèles entre elles et perpendiculaires à l'axe du cylindre. On introduit le soufre pulvérisé, par la partie supérieure du cylindre. Les portions les plus fines et les plus légères se tamisent les premières, passent dans le premier compartiment et de là dans le second et le troisième. Les grains de sable, s'il s'en trouve, étant trop gros pour traverser les mailles de la soie, sont ainsi séparés du soufre.

Les trois éléments de la poudre de chasse étant ainsi pulvérisés, ensemble ou séparément, l'ouvrier en pèse les quantités prescrites pour la composition de cette poudre, c'est-à-dire, comme on l'a vu plus haut, 78 parties de salpêtre, 12 parties de charbon et 10 de soufre. Pour opérer le mélange bien intime de ces trois substances, on les introduit dans les *tonnes-mélangeoirs* qui sont semblables aux tonnes de pulvérisation (*fig.* 157 et 158), si ce n'est qu'elles sont plus petites.

À la poudrerie d'Angoulême les *tonnes à pulvérisation* contiennent 280 kilogrammes de gobilles de bronze et 200 kilogrammes de matières à pulvériser, tandis que les *tonnes-mélangeoirs* ne renferment que 100 kilogrammes de billes et 100 kilogrammes du mélange, auquel on donne le nom de *composition*.

Le mélange est l'opération qui présente le plus de danger.

Au sortir des *mélangeoirs*, la composition est à l'état de poudre impalpable ; on l'humecte avec 4 pour 100 d'eau, et on la *marche* avec des sabots, pour lui donner de la consistance. Puis on la dispose sur une toile sans fin, laquelle passe entre les deux cylindres d'un laminoir, et on lui fait subir une pression qui varie de 1 000 à 1 500 kilogrammes. À ce moment, elle est propre à être divisée en galettes destinées à la granulation.

La granulation de la poudre de chasse s'opère, en général, dans des *guillaumes* disposés en deux séries parallèles, sur une planche mobile supportée par des cordes. La galette de poudre est réduite en fragments par l'agitation, et les grains passent à travers les trous d'un crible contenu dans l'intérieur du guillaume. Le diamètre de ces trous détermine la grosseur du grain de poudre.

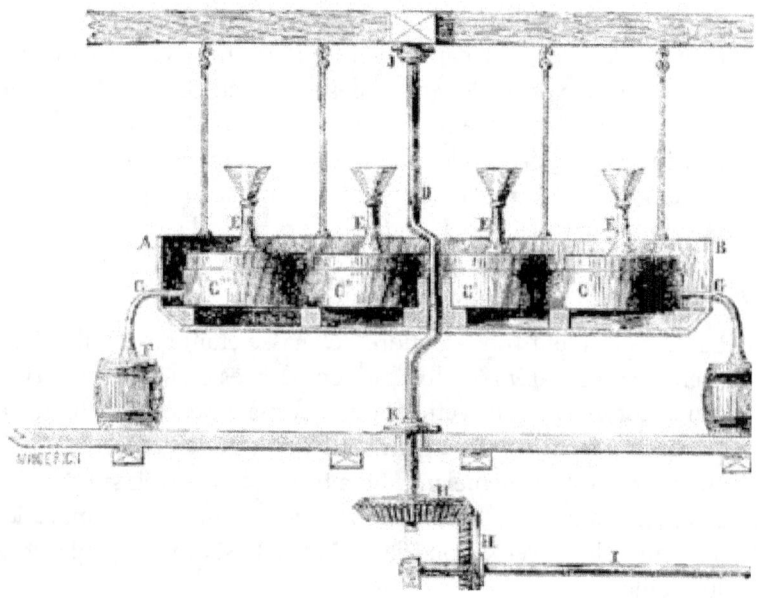

Fig. 159. — Appareil pour le grenage des poudres de chasse.

La figure 159 représente cet appareil. La planche AB suspendue au plafond, par des cordes, reçoit son mouvement d'une manivelle DK, dont l'extrémité inférieure engrène, au moyen des roues d'angle H, H, avec l'arbre qui transmet la force motrice.

Les guillaumes sont renfermés dans des boites C, C', C'', pour éviter la déperdition des poussières. Chacune de ces boîtes, pourvue d'un entonnoir E, pour y introduire la galette, présente à sa partie inférieure une ouverture donnant passage à un tube flexible G, lequel permet à la poudre grenée de se rendre dans des barils, F. Dans toutes les opérations des poudreries, ces barils servent au transport des matières d'un appareil à un autre.

Louis Figuier

Le diamètre de l'ouverture par laquelle s'écoule la poudre de chasse, en grain, est de 1^{mm},20.

Tel est le procédé pour la préparation de la poudre de chasse dite *fine*. Les poudres de chasse dites *super fine* et *extra-fine*, se préparent non dans les *tonnes de pulvérisation*, mais avec les *meules*, afin d'obtenir une division des matières beaucoup plus grande et un mélange plus intime.

Les meules dites *légères*, sont en marbre, et du poids de 2 500 kilogrammes. Le bassin dans lequel tournent ces meules, est en bois ; on le charge pour chaque opération, de 50 kilogrammes de mélange humecté d'eau, qu'on triture pendant deux heures, les meules marchant avec une vitesse de 20 à 25 tours par minute. Vers la fin on ralentit cette vitesse.

Les meules *pesantes* sont en fonte et pèsent de 5 000 à 6 000 kilogrammes chacune. Le bassin sur lequel elles roulent, est également en fonte. Elles ne servent qu'à préparer la poudre de chasse extra-fine. On les fait marcher pendant cinq heures à la vitesse de 10 tours par minute.

Fig. 160. — Moulin à meules pour la pulvérisation et le mélange des éléments de la poudre de chasse.

La figure 160 représente un moulin à meules. Comme on le voit, les meules K, K', sont doubles pour chaque bassin. Elles tournent dans le bassin AB, grâce à un collet D, qui les relie, par la rotation de l'arbre de fer ED, que met en action un pignon J, placé par-dessous le bâti et qui reçoit la force motrice.

L'emploi des meules pour la préparation de la poudre, permet d'obtenir une grande finesse, c'est-à-dire un haut degré de division et un mélange parfaitement intime, mais il s'accompagne de quelques dangers. On comprend, en effet, qu'une meule du poids de 6 000 kilogrammes, si elle rencontre un fragment de galette qui la soulève et la laisse retomber d'une hauteur d'un ou deux centimètres seulement, puisse, par la chaleur résultant de la chute et du choc d'une telle masse, provoquer l'inflammation du mélange.

Les poudres de chasse fines sont lissées dans des tonnes de bois tout à fait semblables à celles qui servent au lissage des poudres de guerre. Enfin elles sont séchées et époussetées.

La poudre de chasse *super fine* est faite avec le poussier de la poudre fine, qu'on triture de nouveau pendant six heures, dans les mélangeoirs. Le grenage en est fait à une perce plus petite.

Le charbon de la poudre *extra-fine* est exclusivement du charbon roux, très-hydrogéné, et donnant une poudre presque fulminante, à laquelle les armes de luxe résistent pourtant très-bien. Les manipulations pour cette poudre sont encore plus longues et plus répétées que pour les précédentes. Son grain est d'une ténuité extrême et sa couleur tire sur le roux.

À la poudrerie du Bouchet on fabrique des poudres de chasse, qui sont comparables, pour la qualité, aux meilleures poudres d'Angleterre, en triturant et en mélangeant les éléments au laminoir. Mais cette opération présente des dangers, vu la chaleur qui peut résulter de la pression du laminoir.

Les poudres de chasse sont destinées en grande partie à l'administration des contributions indirectes, qui les vend au public.

La poudre de chasse *fine* est renfermée dans des boîtes de fer-blanc, couleur olive, et livrée aux débitants, par caisses de 25 kilogrammes. Chaque caisse contient :

10	boites	de	5	hectog.	=	5	kilog.

Louis Figuier

50	—	de	2	—	=	10	—
100	—	de	1	—	=	10	—
160	—	contenant				25	—

La boîte de poudre *super fine* est contenue dans des caisses de couleur brune avec un filet doré.

La boîte de poudre *extra-fine* est placée dans des caisses noires et ornées, sur les quatre faces principales, d'un double filet doré. Les caisses de poudre *extra-fine* ne contiennent que 80 boîtes, savoir :

| 30 | boites | de | 5 | hectog. | = | 15 | kilog. |
| 50 | — | de | 2 | — | = | 10 | — |

En tout, pour chaque caisse, 25 kilogrammes d'une poudre, éminemment explosive, qui ne laisse pas de faire courir certains dangers aux débitants.

Terminons cet exposé en parlant de la préparation de la *poudre de mine*.

La *poudre de mine* se distingue facilement des autres poudres par la grosseur et la sphéricité de ses grains. Le charbon qu'on emploie à sa fabrication, provient des bois blancs de peuplier, d'aune et de tremble.

La trituration et le mélange des éléments se font comme pour les autres poudres. Le grenage s'opère à une perce plus large.

On arrondit les grains anguleux, tout simplement en les faisant tourner, pendant qu'ils sont humides, dans des tonnes de bois, avec des grains déjà arrondis. Dans cette opération, les angles des grains anguleux s'émoussent, les grains sphériques grossissent, et il se forme de tout petits grains ronds, nommés *noyaux*, qu'on sépare par un tamisage, pour les faire grossir dans une opération ultérieure.

Le lissage de la poudre de mine se fait en faisant tourner ensemble les grains ronds de même grosseur ; ils se durcissent et se polissent par leur frottement mutuel.

Le séchage, à cause de la grosseur des grains, ne peut être fait convenablement qu'au séchoir artificiel.

Les mineurs préfèrent la poudre de mine à grains ronds à la poudre anguleuse, parce qu'elle n'est point salissante et ne donne

CHAPITRE VI

pas de poussier.

Les prix de revient de différentes espèces de poudres sont les suivants :

Poudre de mine	1 fr. 10	à 1 fr. 20	l e kil.
Poudre de guerre	1 fr. 25	à 1 fr. 50	—
Poudre de chasse fine	2 fr. 30	à 2 fr. 60	—
Poudres superfine et extra-fine	3 fr.	à 3 fr. 30	—

La direction des poudres les vend au prix de revient aux différents ministères.

L'administration des Contributions indirectes livre les poudres de chasse au public au prix de :

Poudre fine	9 fr. 50	le kil.
Poudre super fine	12 fr. 00	—
Poudre extra-fine	15 fr. 50	—

La nécessité qui se présenta, à certaines époques, de fabriquer de grandes quantités de poudre en un court espace de temps, fit imaginer certains procédés expéditifs, lesquels, perfectionnés, sont restés quelquefois dans la pratique. C'est ainsi que les Hollandais, pendant la longue guerre qu'ils soutinrent contre les Espagnols, inventèrent un moyen d'opérer sans danger la trituration par les meules. Ils se servaient de meules en marbre noir, du poids de 10 quintaux. En 1716, des moulins semblables furent établis à Berlin. Le procédé des meules a été conservé de nos jours, dans certains pays, pour la fabrication de toutes les poudres ; mais, en France, il n'est appliqué, comme nous l'avons dit, qu'à la préparation des poudres de chasse.

À l'époque de la Révolution française, il fallut fournir tout d'un coup aux armées de la République, des quantités considérables de munitions de guerre. Mais tous nos ports étaient bloqués et le soufre n'arrivait plus de la Sicile. Pour remplacer le soufre que l'étranger lui refusait, le génie scientifique de la France inventa le procédé d'extraction du soufre des pyrites, minerai que plusieurs de nos provinces possèdent en abondance. Ce procédé permit de se procurer toute la quantité de soufre nécessaire à la fabrication de la poudre destinée aux armées. Comme nous l'avons dit, dans le chapitre précédent, on est revenu de nos jours, à ce procédé d'extraction du soufre lorsque le soufre de Sicile vint à manquer en Europe, et il a été conservé même après que le soufre de Sicile a pu revenir dans nos ports.

Pendant que l'on découvrait et que l'on exploitait cette nouvelle source de soufre, on lessivait le sol des caves, pour se procurer le salpêtre, et on lavait les vieux plâtras de Paris, qui contiennent jusqu'à 6 pour 100 de ce sel. La poudrerie de Grenelle, agrandie et mise sur un nouveau pied, pulvérisait le charbon et le soufre d'une part, et de l'autre le salpêtre, dans des tonnes de bois, au moyen de billes de bronze ; puis le mélange des trois corps s'effectuait dans d'autres tonnes, avec des billes. Pour faire les galettes, on introduisait la composition dans des caisses, on la recouvrait de toiles mouillées, et on la soumettait à l'action d'une presse. La poudre était grenée par les procédés ordinaires.

C'est par ce procédé expéditif que la poudre fut préparée pendant les guerres de la République, et chacun connaît les merveilles qu'elle accomplit.

CHAPITRE VII

TRANSPORT, EMMAGASINAGE ET CONSERVATION DE LA POUDRE. — LES DANGERS DE LA POUDRE. — EXPLOSIONS ET INCENDIES DES POUDRIÈRES ET DES POUDRES.

Le transport et l'emmagasinage de la poudre sont des opérations assez délicates, et qui ne sont pas toujours sans dangers. Pour transporter les poudres de guerre, on les renferme dans des barils, contenant les uns 50 kilogrammes, les autres 100 kilogrammes de poudre. Ces barils sont renfermés dans d'autres plus grands, nommés *chapes*.

Quand on charge les barils sur des voitures, on doit prendre garde qu'ils ne se touchent pas entre eux, et qu'ils soient distants des ferrures, car le frottement produit par le mouvement de la voiture, pourrait amener des échauffements, et provoquer l'inflammation de la poudre. Pour éviter les frottements, on place sous les barils et entre eux, des bouchons de paille ou des nattes de roseaux.

Les voitures ne doivent marcher qu'au pas ; une allure plus rapide accroîtrait le danger, et formerait une certaine quantité de poussier. Les conducteurs doivent souvent examiner si rien n'est dérangé dans l'emballage, et si aucun cercle des barils ne s'est détaché.

Les voitures se tiennent constamment du côté de la route où le vent ne puisse porter vers elles des étincelles accidentellement produites par les chariots qui passent de l'autre côté. Les passants ne doivent pas fumer. Pour les avertir, on hisse un drapeau noir sur la première voiture du convoi.

Quand on traverse les lieux habités, on fait fermer les portes des ateliers de forgerons et de toutes les industries qui se servent du feu. On fait éteindre tous les feux allumés dans le voisinage de la route.

Enfin, comme, malgré toutes ces précautions, il peut arriver qu'une voiture de poudre saute, on doit, pour empêcher que l'explosion ne se propage aux autres voitures, mettre entre chacune un intervalle de trente pas.

Pendant les haltes de nuit, le convoi de poudre doit être remisé dans un lieu éloigné de toute habitation, et autant que possible, dans un lieu élevé. Les hommes de l'escorte surveillent, pendant toute la nuit, les environs de l'emplacement du convoi.

Dans les transports par eau, les bâtiments chargés de poudre arborent un drapeau noir, afin que, même de loin, chaque navire puisse connaître le danger qui le menace et passer au large. Si le transport se compose de plusieurs bâtiments, ils doivent se tenir à quelques centaines de mètres les uns des autres, pour éviter le choc des abordages.

On ne tolère, à bord de ces navires, ni feu, ni allumettes, ni aucune substance inflammable.

Une multitude de précautions sont nécessaires quand il s'agit de bâtir les magasins à poudre, c'est-à-dire les poudrières. On prévoit dans leur construction, tout ce que pourrait occasionner l'inflammation de ces provisions dangereuses. En même temps, on s'attache à garantir la poudre de l'humidité de l'air et du sol, et à empêcher que les grains ne se réduisent en poussier.

Autrefois les murs des poudrières étaient en pierres de taille ou en maçonnerie, avec épaisses assises. Mais l'expérience a prouvé qu'au lieu de conjurer le danger, ces constructions massives ne font que l'accroître. En effet, lorsque survient une explosion, quelque lourdes et résistantes que soient les murailles, elles sont réduites en mille pièces. Les pierres pesantes dont elles sont construites, sont lancées à des distances considérables, et forment de terribles projectiles. On a été conduit ainsi à faire les murs des poudrières aussi minces et les toits aussi légers que possible. Dans ces derniers temps, on a proposé d'employer, à cet effet, les planches de sapin. On a même proposé des toitures en serge imbibées d'alun pour les rendre incombustibles, et recouvertes de plusieurs couches de peinture à la céruse ou au blanc de zinc, pour les rendre imperméables à la pluie. Le premier vent de l'explosion renverse les minces cloisons de l'édifice, et la masse gazeuse s'exhale dans l'atmosphère, sans avoir été comprimée, sans avoir pris aucune force de ressort, et par conséquent sans causer grand dommage. Quand même ces matériaux légers seraient lancés avec la même force initiale que les pierres de taille des anciennes constructions, ils seraient projetés à une moindre distance, et leur choc serait loin d'être aussi redoutable.

Ces prescriptions, pleines de justesse, sont suivies en partie. À la poudrerie impériale du Bouchet, située à quelque distance de Corbeil, deux des murs de chaque bâtiment sont construits en pierres résistantes et solides, mais les deux autres murs et la toiture sont composés de matériaux éminemment légers. Quand une explosion arrive dans un de ces bâtiments, la toiture seule est emportée, et les gaz ne rencontrant plus de résistance, s'échappent par cette issue.

Des dispositions analogues sont prises pour construire les magasins à poudre.

Il faut ajouter que depuis la catastrophe d'Essonne, on a renoncé, en France, à réunir dans un même lieu tous les ateliers de fabrication de la poudre. Au Bouchet la fabrication de la poudre est répartie entre plusieurs ateliers, établis dans autant de bâtiments, que l'on a soin de tenir éloignés les uns des autres d'une distance de 50 mètres à 100 mètres. Dès lors un bâtiment peut sauter sans compromettre toute la manufacture.

Tout autour des poudrières, et à une certaine distance, on bâtit un mur d'enceinte assez haut pour qu'il soit difficile de l'escalader.

Aujourd'hui les poudrières sont bâties autant que possible à 1 000 mètres environ de toute habitation où l'on fait du feu. Autrefois, au contraire, on trouvait souvent des poudrières établies au sein des villes, même en temps de paix. Il a fallu des désastres nombreux et terribles, pour qu'on renonçât à cette habitude funeste.

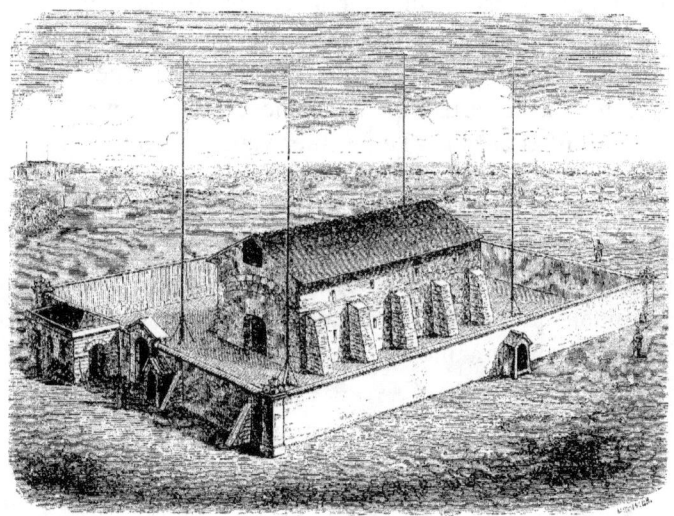

Fig. 161. — Vue extérieure d'une poudrière française.

Depuis l'invention de Franklin, les poudrières sont munies de paratonnerres, et le danger de sauter par l'action de la foudre est ainsi écarté. En 1867, l'Académie des sciences de Paris a publié une nouvelle instruction destinée à poser les règles pour l'établissement des paratonnerres sur les poudrières[37]. Ces instructions prescrivent de placer les paratonnerres, non sur l'édifice même, mais en dehors. C'est la disposition qui est représentée sur la figure 161, où l'on voit quatre paratonnerres plantés aux quatre angles et à une certaine distance de l'édifice. Cependant on place quelquefois,

Louis Figuier

en France, la tige du paratonnerre sur la poudrière même : c'est la disposition qui est représentée sur la figure 162.

Fig. 162. — Vue intérieure d'une poudrière française (coupe verticale).

On ne pénètre dans les poudrières qu'avec des sandales de feutre. Le sol intérieur est recouvert d'une natte. On évite ainsi l'apport du fer et du sable, qui, par leur contact, pourraient produire des étincelles. On a vu des étincelles produites entre cuivre et sable, et même entre sable et sable ; le sable est donc toujours à craindre.

Mais le véritable danger réside dans les poussières de la poudre, qui, légères et plus inflammables que la poudre elle-même, peuvent se disperser dans tous les points de l'édifice. Si elles s'enflamment, elles peuvent communiquer le feu aux nattes du plancher, et de là aux barils de poudre.

On ne fait entrer aucune portion de fer dans les charnières, les serrures et les autres parties, nécessairement métalliques, des portes et des fenêtres : toutes les parties métalliques, même les clefs, sont en cuivre.

Les sentinelles qui gardent les abords et la porte de la poudrière, sont armées, non de fusils, mais de lances.

CHAPITRE VII

Tout travail qui nécessite des chocs est formellement interdit dans l'intérieur des poudrières. Il est même défendu de rouler les barils : on les porte doucement à bras, quand il s'agit de les mettre en place, ou de les expédier au dehors.

Un personnel de surveillance intérieure et extérieure, est affecté à l'établissement. Il a pour consigne d'empêcher qu'on n'allume des feux ou qu'on ne tire des coups de fusil dans le voisinage de la poudrière, en un mot de faire observer toutes les précautions établies par les règlements.

Quoiqu'on ne puisse jamais absolument garantir la poudre de l'humidité, on recommande de placer les poudrières loin des cours d'eau, de les bâtir au-dessus d'un sous-sol voûté, de fermer les fenêtres quand l'atmosphère est humide, et de donner accès à l'air quand le temps est bien sec. Il n'y a pas de vitres aux croisées, car certains défauts du verre, faisant l'effet de lentilles, sous l'influence des rayons solaires, pourraient enflammer le poussier, qui est partout répandu à l'intérieur.

La figure 162 montre les dispositions intérieures d'une poudrière française.

Dans chaque salle est suspendu un récipient plein de chlorure de calcium, pour absorber l'humidité de l'air. La chaux vive serait un excellent agent de dessiccation de l'air ; mais l'usage en est absolument interdit. On sait, en effet, que lorsqu'un peu d'eau vient à tomber sur de la chaux vive, la chaleur déterminée par l'hydratation de la chaux, est assez intense pour enflammer la poudre. On fait assez souvent, dans les cours de chimie, l'expérience curieuse qui consiste à enflammer de la poudre déposée sur de la chaux, en versant un peu d'eau sur ce fragment de chaux. On comprend dès lors pourquoi l'entrée de la chaux est absolument interdite dans les manufactures et les dépôts de poudre.

En Angleterre des précautions plus grandes encore sont observées dans les magasins à poudre. Tous les chemins conduisant d'un bâtiment à un autre, sont recouverts de planches. Ces planches sont constamment arrosées et lavées, pour en écarter le sable, et l'on n'y marche qu'avec des chaussures de feutre ou de natte. Par-dessus ces chaussures, on endosse une deuxième sorte de chaussures, quand on doit pénétrer à l'intérieur des magasins qui contiennent la poudre.

Malgré tant de précautions accumulées, les explosions des poudrières sont fréquentes. Enumérer tous les désastres qui ont été causés par les explosions de poudrières et des ateliers de fabrication, serait une tâche difficile. Nous nous bornerons à rappeler quelques faits, en les rattachant aux circonstances dans lesquelles ils se sont produits. Nous avons entre les mains une brochure de MM. Andréas Rützky et Otto Grahl, traduite de l'allemand : *La poudre à tirer et ses défauts*[38], dans laquelle on rapporte une longue série de ces événements désastreux. Ce travail nous aidera à rappeler les faits avec exactitude et dans leur ordre chronologique.

Voici d'abord les accidents qui se rapportent aux explosions des manufactures de poudre.

En 1360, une fabrique de poudre sauta à Lubeck, par suite de l'imprudence des hommes qui préparaient la poudre pour les *bombardes*, c'est-à-dire les premières bouches à feu qui lançaient des boulets de pierre. C'est la plus ancienne explosion dont il soit fait mention dans l'histoire.

En 1745, le moulin à poudre d'Essonne sauta par une cause inconnue, et dévasta les environs de cette ville.

De 1746 à 1756, à l'Ile-de-France, les moulins à poudre sautèrent, à différentes reprises. On remplaça alors les pilons par des meules de bois.

En 1774, les moulins à meules de bois établis à l'Ile-de-France, firent explosion. Comme il existait dans le voisinage 250 000 livres de poudre, qui firent feu, il résulta de cette explosion des dégâts extraordinaires.

En 1794, les moulins à poudre de Grenelle sautèrent, par suite d'une imprudence. 1 800 ouvriers y étaient occupés ; un grand nombre périrent sous les décombres.

En 1821, dans le Danemark, une tonne dans laquelle le soufre était trituré au moyen de gobilles de bronze, prend feu, et fait sauter la fabrique. Le même malheur se reproduit en 1824.

En 1825, une explosion eut lieu dans une partie de notre fabrique de poudre du Bouchet.

En 1827, un moulin à poudre sauta à Dartford. Cette explosion fut occasionnée par du sable que le vent y avait apporté, et qui vint frapper avec force le pulvérin de la poudre.

En 1835, une partie de notre poudrerie de l'État à Esquerdes, sauta en l'air.

En 1862, la poudrerie de Munich fit explosion.

Pendant la même année, la poudrerie de Fossano (Italie) fut deux fois incendiée. Quinze personnes périrent dans le dernier de ces événements[39].

Un trait pour résumer les nombreux événements de ce genre que nous sommes forcé de passer sous silence : d'après les observations de Chaptal, sur dix-huit moulins à pilons français, il en saute, en moyenne, trois par an.

D'après les recherches faites par Aubert, ingénieur attaché à notre poudrerie du Bouchet, à l'occasion de l'explosion de 1825, la poudre s'enflamme par le choc de fer contre fer, — de laiton contre fer, — de bronze contre fer, — de fer contre cuivre, — de fer contre marbre. — de fer contre plomb ; et il en est de même pour le bois.

D'après Vergnaud, ancien directeur de la poudrerie d'Esquerdes, un choc violent quelconque peut enflammer la poudre ; mais telle n'est pas peut-être la cause la plus fréquente des explosions. Dans un mémoire qui fit quelque bruit, Vergnaud attira l'attention sur l'influence de l'électricité de l'air pour produire l'inflammation des mélanges triturés par les meules ou par les pilons. On pensait à cette époque, que les explosions tenaient surtout à ce que les meules de marbre contenaient des grains de sable, qui, mêlés à la poudre, déterminaient des frottements, avec production de chaleur excessive et inflammation du contenu du moulin : Mais Vergnaud fait remarquer que les nombreuses explosions des mélanges soumis au triturage des meules, s'étaient produites à peu près indifféremment, que ces meules fussent de marbre siliceux laissant égrener leur sable, ou qu'elles fussent tout à fait exemptes de grains siliceux. Il cite même des explosions arrivées avec des meules et des plateaux de fonte ou de bronze. Il arriva un jour, que l'explosion d'un atelier voisin couvrit le plateau de débris de maçonnerie et de briques. Les meules qu'on ne songea point à arrêter à l'instant même, firent encore une centaine de tours avec leur vitesse habituelle, triturant les briques et les graviers avec la

Louis Figuier

poudre : il n'en résulta pourtant aucun accident.

Les explosions, selon Vergnaud, ne se produisent guère que les jours où le vent souffle du nord-nord-est, lorsque le temps est à l'orage. Quand il y a beaucoup d'électricité dans l'air et qu'on regarde fonctionner les meules, des lueurs apparaissent parmi la poudre qui se broie. Parfois même les étincelles surgissent avec la brillante lueur de celles qui proviennent des machines électriques. Quand ce phénomène se produisait, Vergnaud se hâtait de faire augmenter l'arrosage du mélange.

Nous dirons pourtant que la cause d'explosion la plus fréquente dans les moulins à poudre provient de ce que les meules, dont le poids est quelquefois de plus de 5 000 kilogrammes, rencontrent des portions de galette volumineuses et dures. Lorsque ces fragments ne sont pas écrasés, ils forment un obstacle, le long duquel la meule s'élève, pour retomber bientôt sur le reste de la poudre. Cette chute d'une hauteur d'un ou deux centimètres seulement, mais d'une masse d'un poids énorme, suffit pour provoquer un dégagement de chaleur capable d'enflammer la poudre. Là est le véritable danger des meules, et la cause la plus fréquente de l'explosion des ateliers.

Les auteurs de la brochure allemande que nous avons citée plus haut, ont rassemblé les faits relatifs à l'explosion des magasins à poudre. Voici les principaux.

1535. Devant Marseille, la poudre d'une batterie, déposée dans des barils, s'enflamme par la seule détonation des canons.

1540. Devant Bude, la poudrière d'une batterie fait explosion par suite du tir de cette dernière.

1703. À Huy, on roule contre l'ennemi, qui montait à l'assaut, un baril de poudre, muni d'une mèche enflammée. Chemin faisant, le baril se défonce, s'enflamme et communique, au moyen de la traînée de poudre, le feu au magasin d'où on l'avait tiré ; ce dépôt saute en l'air.

1744. Les Prussiens en quittant Prague veulent jeter dans un puits, 3 000 quintaux de poudre, pour qu'on ne puisse pas s'en servir. En la versant dans l'eau, la poudre s'enflamme par le frottement, et il en résulte une explosion formidable[40].

Voici deux exemples des accidents qui arrivent pendant la préparation des munitions de guerre.

CHAPITRE VII

En 1677, pendant qu'on déchargeait une grenade, d'après la méthode de Forster, cette grenade s'enflamma. Le feu se communiqua à 11 grenades chargées, qui tuèrent Forster lui-même et 16 hommes.

En 1862, le laboratoire de chimie qui dirigeait, pendant la campagne, la fabrication des poudres pour les troupes de l'Union américaine Nord, sauta, ce qui coûta la vie à plusieurs centaines de personnes, etc.[41].

Les coups de tonnerre frappant des magasins de poudre ou des manufactures de munitions de guerre, peuvent occasionner l'inflammation de toutes ces matières, et renverser les édifices. C'est là chose bien connue. Nous rappellerons pourtant les principaux faits de ce genre qui ont été enregistrés, en ayant recours, pour cette énumération, au travail des deux ingénieurs allemands que nous avons déjà cité.

En 1521, la foudre frappa et fît sauter la poudrière de Milan, qui contenait 250 000 livres de poudre.

En 1648, la poudrière de Savone sauta, frappée d'un coup de foudre ; 200 maisons furent détruites.

En 1749, le feu du ciel détruisit la poudrière de Breslau, où travaillaient 65hommes, qui furent tués. 391 personnes des environs furent blessées.

Le même désastre arriva en 1769, à la poudrière de Brescia, qui contenait 160 000 livres de poudre ; 190 maisons furent renversées, 500 endommagées. Dans cet affreux désastre 308 hommes furent tués et 500 blessés plus ou moins grièvement.

Le feu de l'artillerie ennemie peut agir comme celui du ciel. Sur les champs de bataille les boulets brûlants, le choc des projectiles, ou seulement le vent de l'explosion d'une pièce, peuvent mettre le feu à des provisions de poudre. Les deux faits suivants, que nous empruntons à la même source, c'est-à-dire à la brochure de MM. Rützky et Otto Grahl, montreront combien les projectiles ennemis sont dangereux pour les approvisionnements de poudre.

En 1597, un boulet rouge fait sauter la poudrière de Rheinberg.

En 1628, à Wolgast, un approvisionnement de poudre saute, atteint par un boulet ennemi[42].

Louis Figuier

Nous ne multiplierons pas les exemples de ce genre ; l'inflammation des provisions de poudre provoquée par le feu ou les boulets de l'ennemi, étant un des épisodes les plus fréquents de la guerre.

Voici, pour terminer, quelques exemples d'explosions de la poudre arrivées pendant les transports.

En 1810 à Eisenach, un convoi de poudre fait explosion, par suite du frottement d'un essieu. Cette explosion fut accompagnée de grands malheurs.

En 1816, près de Bruxelles, une voiture sur laquelle on avait chargé un tonneau de poudre, sauta par un étrange et triste hasard. Le tonneau avait laissé perdre le long du chemin, une traînée de poudre. Une allumette allumée jetée par un passant, à la porte de Bruxelles, enflamma la traînée de poudre ; le feu se propagea jusqu'à la voiture qui était à trois quarts de lieue de la ville et la fit sauter.

Pendant la guerre d'Italie, en 1859, près de Vérone, deux trains de chemins de fer se rencontrent. Les munitions de guerre d'une batterie que l'on transportait, sautent en l'air et amènent des accidents déplorables.

Tous ces malheurs, dont nous n'étendrons pas davantage la liste, ont fait penser, de tout temps, à préserver la poudre contenue dans les magasins des accidents qui la menacent.

M. le général Piobert indiqua, en 1830, un moyen qui éloignerait à peu près tout danger dans le transport et l'emmagasinage de la poudre. Ce moyen consiste à mélanger à la poudre l'un quelconque de ses trois éléments, c'est-à-dire du salpêtre, du soufre ou du charbon, très-finement pulvérisé, de telle sorte qu'il remplisse tout l'intervalle laissé entre les grains, et empêche l'inflammation de se propager d'un seul coup dans toute la masse. Si l'on jette une mèche allumée sur un baril de poudre de guerre mêlé à du poussier de charbon et défoncé, il ne fait pas explosion : il brûle longtemps avec une belle gerbe lumineuse, mais sans danger pour les assistants. De même, le salpêtre mêlé à la poudre, empêche sa combustion : d'abord rapide, elle se ralentit, puis s'arrête bientôt.

La poudre peut donc être conservée sans aucun danger avec l'addition de l'une de ces substances. Quand on veut s'en servir, un simple tamisage permet de la séparer des corps étrangers

CHAPITRE VII

interposés entre ses grains.

M. Fadéieff, chimiste russe, a proposé de conserver la poudre avec un mélange de charbon de bois et de graphite.

Mais de tous les moyens de conserver avec sécurité la poudre dans les arsenaux et magasins, le meilleur peut-être a été proposé, en 1862, par un chimiste anglais, M. Gale, et soumis à des expériences concluantes.

M. Gale expérimenta ce procédé sur une grande échelle, au tir de Wimbledon, devant les volontaires, ensuite devant le duc de Cambridge et une réunion de gens du monde, avec un succès complet. Il fit apporter un baril de poudre de guerre, qu'il mêla avec deux fois son volume d'une poussière particulière ; puis il mit le feu au mélange : la poudre resta muette et immobile. Une fusée enflammée éclata au milieu du baril, sans produire le moindre effet ; une barre de fer rouge, plongée dans la poudre enchantée, laissa le mélange parfaitement intact.

M. Gale prit alors un peu de cette poudre devenue inoffensive, et il la fit passer à travers un crible, pour la séparer de la matière étrangère avec laquelle elle avait été mélangée. Ce tamisage lui rendit toute son inflammabilité primitive.

La poudre peut, d'ailleurs, subir ces deux traitements successifs aussi souvent qu'on le veut. Elle reste complètement inerte tant qu'elle est mélangée avec la substance très-divisée dont se sert M. Gale. On peut dès lors la transporter ou la conserver sans danger ; mais dès qu'elle est débarrassée de cette substance, par le tamis, elle reprend ses propriétés explosives.

Le procédé de M. Gale n'est pas un secret. La substance mystérieuse qu'il ajoute à la poudre, est du verre pulvérisé, aussi fin que possible, bien plus fin que la poudre elle-même. Avec parties égales de poudre et de verre pulvérisé, l'inflammabilité de la poudre de guerre est déjà singulièrement diminuée. Avec 2 ou 3 parties de verre pulvérisé pour 1 partie de poudre, l'effet est beaucoup plus prononcé. Pour rendre la poudre tout à fait inerte, si bien qu'elle puisse servir, comme le sable, à éteindre le feu, il faut prendre 1 partie de poudre à canon et 4 parties de verre pulvérisé, et les bien mêler. Dans un baril de poudre ainsi préparé on peut introduire impunément un tison brûlant. Mais passez le tout

Louis Figuier

au tamis, le verre pulvérisé traverse le crible, la poudre reste, et reprend ses propriétés primitives.

Bien que l'inventeur anglais ait fait breveter son procédé, le principe qu'il emploie n'a rien de nouveau. On savait, en effet, par les expériences de M. Piobert, que nous venons de rapporter, qu'en mêlant à la poudre du charbon ou du salpêtre pulvérisés, on peut lui enlever, plus ou moins complètement, ses propriétés explosives. M. Piobert, outre les substances dont nous avons parlé, avait essayé, dans le même but, le sable ; mais les grains de sable n'étant pas tous de même grandeur, il est difficile de les séparer complètement de la poudre au moment où l'on veut s'en servir ; et le charbon, qu'il recommandait plus particulièrement, attire l'humidité et pourrait gâter la poudre. Le verre pilé est donc préférable aux diverses matières essayées par M. Piobert.

Il reste pourtant à savoir si la nécessité de tamiser la poudre avant d'en faire usage, ne constituerait pas un obstacle sérieux à la pratique de tous ces procédés. Il faudrait peut-être restreindre l'emploi de cette méthode aux cas où il s'agirait simplement de transporter de grandes masses de poudre destinées à la vente.

La publication du procédé de M. Gale faite dans les journaux français, en 1862, a amené une réclamation de la part de M. Pascalis, pharmacien à Bar-sur-Seine, en faveur d'un de ses compatriotes, nommé Boyer, natif d'Aups, dans le Var, et mort en 1840, à la suite de fatigues et de privations causées par sa persévérance dans ses recherches.

Boyer avait trouvé un moyen fort intéressant, sinon très-efficace, de mettre la poudre hors d'état de brûler dans les magasins. Il en avait fait l'expérience devant une commission présidée par le général Gourgaud. Son secret consistait à mêler à la poudre du *gaz acide carbonique*, qui a la propriété d'éteindre les corps en ignition. Une simple agitation au grand air, suffisait pour débarrasser la poudre de ce gaz, et lui rendre sa propriété explosive.

CHAPITRE VII

CHAPITRE VIII

PRODUITS DE L'EXPLOSION DE LA POUDRE. — ANALYSE DES GAZ
RÉSULTANT DE SA COMBUSTION. — TEMPÉRATURE DES GAZ. —
MANIÈRE D'ÉVALUER LA FORCE DE LA POUDRE DE GUERRE. — LE
MORTIER-ÉPROUVETTE. — LE FUSIL-PENDULE.

Les corps, gazeux ou solides, qui se forment pendant l'explosion
de la poudre, ont été analysés par les chimistes avec un soin
extrême. On a déterminé la quantité des gaz formés par un poids
donné de poudre, la composition de ces gaz, leur température, et
la force élastique qui les anime.

D'après les expériences faites par MM. Bunsen et Schischkoff, en
1859, les produits de la combustion de 100 grammes de poudre,
sont les suivants :

Produits gazeux :	gr.		litres.
Acide carbonique	20,12	=	10,171
Azote	9,98	=	7,940
Oxyde de carbone	0,94	=	0,749
Hydrogène	0,02	=	0,234
Acide sulfhydrique	0,18	=	0,116
Oxygène	0,14	=	0,100
	31,38	=	19,310

Produits solides :	gr.
Sulfate de potasse	42,27
Carbonate de potasse	12,64
Hyposulfite de potasse	3,27
Sulfure de potassium	2,13
Sulfocyanure de potassium	0,30
Azotate de potasse	3,72
Charbon	0,73
Soufre	0,14
Carbonate d'ammoniaque	2,86

Louis Figuier

	68,06

La combustion est incomplète, puisque d'une part il reste de l'oxygène libre, et d'autre part du charbon et du soufre, qui auraient pu être brûlés tous les deux si l'oxygène eût existé en quantité suffisante.

Au moment de l'explosion, il se produit une élévation de température telle que les gaz dilatés fournissent, d'après le capitaine Brianchon, 4 000 fois le volume de la charge de poudre. Et si, comme l'admet M. Henri Sainte-Claire-Deville, les éléments de l'eau se séparent, se dissocient à la température de la fusion de l'argent, c'est-à-dire vers 1 000 degrés ; si l'hydrate de potasse n'existe plus à la température de la fusion de la fonte, c'est-à-dire vers 1 200 degrés, il est probable que non-seulement le volume fourni par les gaz doit s'augmenter par suite de la séparation de leurs éléments, mais encore que les produits solides doivent être volatilisés et décomposés comme les produits gazeux ; de telle sorte qu'il faudrait estimer beaucoup plus haut que ne le faisait le capitaine Brianchon, le volume fourni par la gazéification de la poudre qui détone.

Ce qui prouve que les produits solides sont tout au moins volatilisés au moment de l'explosion, c'est que lorsqu'on enflamme une bonne poudre, déposée sur une feuille de papier blanc, elle n'y laisse, après avoir brûlé, aucune trace de matière solide.

Une expérience de Rumford prouve le fait d'une manière plus frappante. Rumford plaçait une charge de poudre dans un canon en fer, dont l'orifice était fermé par la superposition d'un poids considérable. Quand la violence de l'explosion soulevait ce poids, tous les produits s'échappaient ; quand, au contraire, le canon fermé ne laissait rien sortir, on trouvait, après le refroidissement, la somme exacte des produits solides composant la poudre primitive, déposés sur les points des parois les plus éloignés du lieu d'application de la chaleur.

L'évaluation précise de la température produite par l'explosion de la poudre, est fort difficile, car cette température varie, dans les expériences, suivant la quantité de poudre sur laquelle on opère. Quoi qu'il en soit, elle doit être placée entre la température de fusion du cuivre jaune ou laiton et celle du cuivre rouge, car des rognures du premier métal mêlées à la poudre qui détone, se retrouvent constamment fondues, tandis que celles du second ne le sont que rarement. C'est ce qui a fait évaluer la température de l'explosion de la poudre à plus de 2 400 degrés.

Les divergences d'opinion qui règnent sur le volume gazeux produit par l'inflammation de la poudre, ont pour conséquence des différences semblables dans l'appréciation de la force balistique. S'il ne s'agissait que de gaz *permanents*, c'est-à-dire non susceptibles de se liquéfier, on pourrait avoir une évaluation fort approchée, parce que la tension de ces gaz est à peu près proportionnelle à l'accroissement de la température ; mais il s'agit ici d'un mélange de gaz et de vapeurs, dans des rapports inconnus, puisqu'on ignore si ces vapeurs sont ou non décomposées en leurs éléments gazeux. Dans l'hypothèse où les corps subsistent à l'état de vapeurs, non décomposées en leurs éléments, la tension de ces vapeurs ne peut être que bien difficilement évaluée, parce qu'aucune expérience jusqu'ici ne nous a fait connaître comment se dilatent les vapeurs à de si hautes températures. Enfin, dans l'hypothèse où l'on admet que les vapeurs sont elles-mêmes réduites à leurs éléments constitutifs, qu'elles sont transformées en leurs composants gazeux, on ignorerait encore à quelles températures, et dans quel ordre s'opérerait la destruction des différentes vapeurs.

Les plus petites circonstances ont une influence considérable sur la force d'expansion de la poudre. Plusieurs livres de poudre enflammée sur une table légère en bois, ne produisent qu'une faible dépression de la planche ; tandis que si l'on enveloppe la même quantité de poudre d'une feuille de papier, la table est complètement brisée.

Ainsi s'expliquent les grandes divergences d'opinions qui se sont produites chez les hommes de l'art, sur la question de la force mécanique développée par l'explosion de la poudre.

Les évaluations extrêmes sont celles de Robins, célèbre artilleur du XVIIe siècle, qui estimait à 1 000 atmosphères seulement la tension des gaz de la poudre, et celle de Rumford, qui fixe cette tension à 29 000 atmosphères. Dans l'énorme écart de ces deux chiffres viennent se placer les résultats obtenus par un grand nombre d'autres expérimentateurs.

Au fond, il est assez indifférent de connaître la tension exacte, la force absolue des produits gazeux d'une charge de poudre. Ce qu'il faut savoir, c'est l'effet qu'elle peut produire sur le projectile employé dans une arme usuelle. On a construit et mis en usage plusieurs instruments pour évaluer la force des différentes poudres. Nous ne décrirons que le *mortier éprouvette* et le *fusil-pendule*.

Fig. 163. — Mortier-éprouvette.

Le *mortier-éprouvette*, figure 163, est un mortier d'artillerie fondu d'une seule pièce avec son socle. Sa chambre est très-petite et son projectile très-gros. Quand le socle est disposé sur un plan horizontal, le mortier est pointé à l'angle de 45°, celui qui donne l'écartement le plus grand des branches de la parabole décrite, par le projectile, et qui par conséquent donne la plus longue portée. On remplit la chambre de la poudre à expérimenter, et d'un boulet de bronze de dimensions rigoureusement établies. On fait partir la pièce, et la distance plus ou moins considérable à laquelle elle lance le projectile, sert à marquer sa qualité.

Des formules théoriques comprenant le poids de la poudre, celui du projectile et les autres éléments de l'appareil, donnent la vitesse initiale et la vitesse moyenne du projectile. On en déduit l'action de la poudre expérimentée dans d'autres armes.

Mais, si mathématiques que soient ces formules, elles ne donnent que des évaluations très-peu approchées, et peuvent induire en erreur sur la qualité d'une poudre destinée à une arme quelconque.

CHAPITRE VIII

Aussi les experts ne s'y fient-ils jamais entièrement. Pour avoir des résultats exacts, il faut expérimenter la poudre dans l'arme même à laquelle on la destine, et avec le projectile qui est en usage. C'est en partant de ce principe qu'on a construit le *fusil-pendule*.

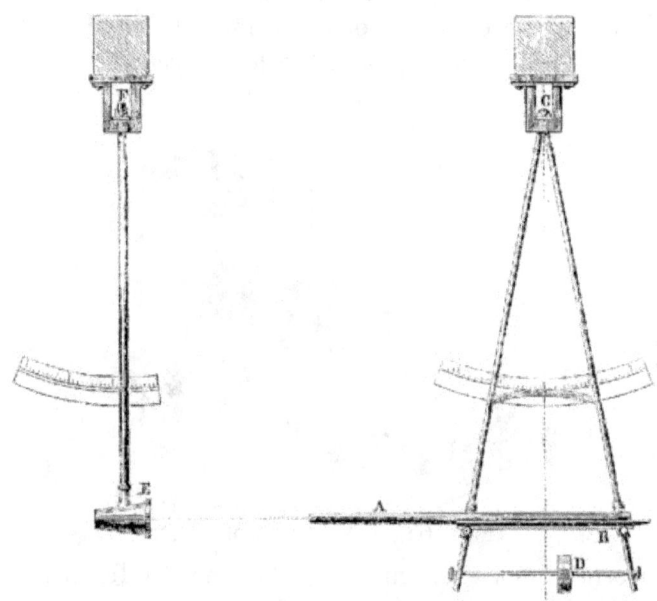

Fig. 164. — Le fusil-pendule.

Le *fusil-pendule* (*fig.* 164) se compose de deux appareils distincts, l'un comprenant le canon de fusil AB et le pendule C qui le supporte, l'autre le *récepteur* E, cône évidé et rempli de plomb, destiné à recevoir le choc de la balle, et qui est également suspendu à un pendule F. Chacun des pendules déplace dans son mouvement un curseur sur un arc de cercle gradué. Les deux pendules se meuvent exactement dans le même plan. Le pendule auquel est attaché le canon de fusil porte à sa partie inférieure un disque métallique, D, qui, se déplaçant, change la position du centre de gravité de l'appareil, et en même temps la ligne de tir ; il est facile à l'aide de ce mécanisme, de viser directement dans le récepteur.

Quand le coup part, chaque pendule est mis en mouvement : celui du récepteur E, par l'action du projectile qui l'a frappé, et celui du canon AB, par l'effet du recul. Ce dernier effet est un élément important à considérer, mais non pas le plus important. L'effet que le récepteur a ressenti du choc direct de la balle est celui que l'on doit reconnaître comme vraiment utile. On note d'ailleurs avec soin l'un et l'autre de ces écarts au moyen du cercle gradué et du curseur.

Des formules mathématiques ont été calculées, sur ces deux données, pour représenter la puissance balistique de la poudre expérimentée.

On admettait autrefois que la puissance de la poudre est proportionnelle au recul de l'arme ; mais cette relation a été reconnue fausse. Or, jusqu'à l'invention du fusil-pendule qui enregistre à la fois la force de recul et la vitesse du projectile, toutes les anciennes éprouvettes à poudre étaient construites sur ce principe. Le fusil-pendule est donc le seul instrument auquel on puisse accorder confiance pour déterminer la véritable puissance de la poudre.

On a construit sur le même principe le *pistolet-pendule* et le *canon-pendule*. La forme de l'appareil est la même que pour le *fusil-pendule* : l'arme à essayer varie seule. Il serait donc inutile d'en parler avec plus de détail.

Il est une manière très-simple d'essayer la poudre : on en place une pincée sur une feuille de papier blanc. On s'assure d'abord si les grains sont de la même grosseur, et s'il n'y a pas de poussière, conditions d'une combustion régulière. Ils doivent être bien secs et ne pas se laisser écraser trop facilement sous le doigt, ni tacher le papier. Si dans la masse il se trouvait des efflorescences blanches, ce serait la preuve que sous l'influence de l'humidité, une partie du salpêtre a disparu. Enfin on l'enflamme. Une bonne poudre doit brûler très-vite, et ne laisser qu'une petite tache sur le papier. Des grains restés intacts montreraient que le salpêtre n'a pas été suffisamment purifié ; des taches jaunes ou noires, que le soufre ou le charbon sont en excès.

Ce moyen peut surtout servir à connaître si une poudre donnée n'a pas perdu de ses qualités depuis sa fabrication.

La poudre à tirer, bien qu'on en fasse usage depuis quatre ou cinq siècles, est restée à peu près stationnaire au milieu du progrès

CHAPITRE VIII

général. Elle présente encore aujourd'hui de nombreux défauts, non que les études approfondies lui aient manqué, mais parce qu'elle est, de sa nature, peu perfectible. Il est difficile de rien changer aux éléments qui la composent, ou aux proportions de ces éléments ; dès lors sa fabrication ne peut subir que des changements très-secondaires.

Au nombre des défauts de la poudre, et en première ligne, il faut mentionner les dangers des manipulations diverses, des transports, de sa conservation dans les magasins ; enfin les accidents auxquels sont exposés les soldats pendant qu'ils chargent leur arme, à cause des inflammations spontanées, qui sont malheureusement assez fréquentes.

Un autre défaut de la poudre, c'est son humidité, causée par l'hygrométricité du charbon, défaut impossible à prévenir. Quoi qu'on fasse pour empêcher les poudres d'absorber l'humidité de l'air, au bout d'un certain nombre d'années, on est obligé de les renvoyer à la fabrique, de les réduire en poussier et de les soumettre de nouveau aux diverses opérations du grenage et du lissage.

La facilité avec laquelle elle se réduit en poussier pendant les transports et même dans les magasins, est un autre inconvénient de la poudre. Après un voyage de 440 kilomètres au pas, ou de 210 kilomètres au trot, les poudres ordinaires donnent de 1,3 à 1,5 pour 100 de poussier. Or, la présence du poussier augmente considérablement les chances d'explosion.

Citons encore, parmi les inconvénients de la poudre, la fumée épaisse qui se produit pendant les décharges de mousqueterie. Cette fumée a le double inconvénient de nuire à la précision du tir, et de montrer à l'ennemi le point vers lequel il doit diriger ses coups.

L'encrassement qu'elle produit dans les armes, est un autre défaut de la poudre. Il oblige à faire des projectiles d'un diamètre plus petit que le diamètre de l'arme, afin que l'encrassement croissant, l'arme puisse encore se charger un certain nombre de fois. Il résulte de là qu'une grande quantité de gaz s'échappe par le vent qui reste autour du projectile, sans produire d'effet utile. Le tir perd ainsi toute certitude, puisque deux coups ne peuvent se suivre dans des conditions semblables. De plus, l'encrassement empêchant le projectile d'arriver au fond du canon, fait quelquefois éclater les armes.

Citons encore les gaz délétères produits par la combustion de la poudre, comme l'hydrogène sulfuré, l'oxyde de carbone, ainsi que le sulfure de potassium et le sulfocyanure de potassium volatilisés, qui, respirés, causent la *maladie des mineurs*.

Signalons enfin la destruction rapide des armes, soit par l'effet brisant de la poudre, soit par l'effet corrosif de quelques-uns des produits de sa combustion.

Ainsi, au prix de tant de peines et de dangers, on n'est arrivé, en fin de compte, qu'à obtenir une poudre de guerre qui a autant de défauts que d'avantages, et qui fait payer chèrement les services qu'elle rend. Serait-ce le cas de dire, avec le chimiste Proust, que l'humanité n'a pas encore inventé la poudre ?

CHAPITRE IX

LE FULMI-COTON. — M. SCHÖNBEIN. — TRAVAUX CHIMIQUES
QUI ONT AMENÉ LA DÉCOUVERTE DU FULMI-COTON. — HISTOIRE
DE LA XYLOÏDINE. — RECHERCHES DE PELOUZE. — ACCUEIL FAIT
A LA DÉCOUVERTE DU FULMI-COTON.

Les perfectionnements apportés à la fabrication et aux divers emplois de la poudre à canon, n'ont marché qu'avec une lenteur extrême ; il a fallu quatre siècles pour amener à sa situation présente l'art de la fabrication et de l'emploi des poudres de guerre. Nous avons rapporté, dans les premiers chapitres de cette Notice, l'histoire de la poudre à canon jusqu'au commencement de notre siècle, c'est-à-dire jusqu'à l'essai malheureux, fait par Berthollet, des poudres à base de chlorate de potasse. C'est là le dernier épisode de l'histoire des poudres de guerre. Pour compléter cette histoire, pour arriver au seul fait important qui l'ait signalée depuis, nous devons passer à l'année 1846.

Dans les derniers mois de 1846, les journaux commencèrent à s'occuper d'une découverte des plus singulières. Un chimiste de Bâle avait, disait-on, trouvé le moyen de transformer le coton en une substance jouissant de toutes les propriétés de la poudre. On avait fait à Bâle, des expériences qui ne pouvaient laisser aucune place au doute : avec une petite boulette de coton offrant l'aspect ordinaire, on avait chargé des armes et obtenu ainsi tous les effets explosifs de la poudre. On prêtait à cette substance nouvelle des propriétés merveilleuses : elle pouvait impunément être plongée dans l'eau et y séjourner très-longtemps ; elle reprenait, en séchant, ses propriétés primitives, — elle brûlait sans fumée, — elle ne noircissait pas les armes, — enfin elle avait une force de ressort trois ou quatre fois supérieure à celle de la poudre ordinaire.

En matière de science, les dires des journaux politiques ne sont pas toujours articles de foi ; cette annonce ne trouva d'abord qu'un médiocre crédit. Cependant le public fut contraint de prendre cette découverte au sérieux, quand on la vit franchir le seuil de l'Académie des sciences, et passer du journal à la tribune de l'Institut.

Dans la séance du 5 octobre 1846, on donna lecture à l'Académie, d'une lettre de M. Schönbein, auteur de l'invention annoncée. M. Schönbein exposait, dans sa lettre, les caractères de cette substance nouvelle, qu'il nommait *poudre-coton* (*Schieszvolle*). Il précisait ses effets, indiquait les avantages particuliers de son emploi, et donnait la mesure de sa force balistique. M. Schönbein disait tout ; il n'oubliait qu'un point, c'était d'indiquer le procédé au moyen duquel on obtenait ce curieux produit : il se réservait, pour en retirer un profit personnel, la possession de ce secret.

Nous nous souvenons de l'impression que produisit la lecture de la lettre de M. Schönbein sur l'auditoire savant qui se presse aux séances de l'Académie. Quand on fut une fois bien certain de l'existence du fait, lorsqu'on apprit, à n'en plus douter, que le corps dont il était question n'était autre chose que du coton à peine modifié dans son aspect ordinaire, tous les chimistes qui se trouvaient là, devinèrent aussitôt le secret de l'inventeur. Au sortir de la séance, ils avaient compris que le nouvel agent n'était probablement autre chose qu'une modification ou une forme particulière de la *xyloïdine*, composé bien connu des chimistes, qui s'obtient en plongeant dans de l'acide azotique (eau-forte) des matières ligneuses, telles que du bois, du papier ou du coton.

Louis Figuier

Dès le lendemain, tous les laboratoires de Paris se mirent en demeure de vérifier cette conjecture ; et au bout de huit jours, on avait trouvé que pour préparer le coton-poudre, il suffit de plonger pendant quelques minutes du coton non cardé dans de l'acide azotique très-concentré. Le secret de l'inventeur était devenu le secret de Paris[43].

Comment se fait-il qu'une découverte si soigneusement tenue cachée par son auteur ait pu être ainsi surprise et divulguée en quelques jours ? C'est ce que l'on comprendra sans peine d'après l'histoire de la *xyloïdine*.

En 1832, Braconnot, chimiste de Nancy, mort il y a peu d'années, découvrit que si l'on traite l'amidon par l'acide azotique très-concentré, l'amidon entre en dissolution, et que si l'on ajoute alors de l'eau au mélange, il se précipite un produit blanc, pulvérulent, qu'il désigna sous le nom de *xyloïdine*.

Entre autres caractères, Braconnot reconnut à ce composé la propriété de brûler avec une certaine activité. Cependant il ne soumit point à l'analyse organique le produit nouveau qu'il avait découvert : il se contenta d'en étudier les caractères. Braconnot a fait en chimie organique des découvertes fondamentales, sans jamais avoir recours à l'analyse élémentaire. C'est lui qui a trouvé le moyen de changer en sucre le bois et l'amidon par l'action de l'acide sulfurique, fait d'une nouveauté et d'une portée immenses, et qui est loin encore d'avoir donné tout ce qu'il promet à l'avenir des études chimiques, il a compris, le premier, la véritable nature chimique des corps gras, il a découvert la *pectine*, ce curieux composé qui se trouve partout dans le monde végétal, et dont les transformations, quand elles seront étudiées d'une manière sérieuse, jetteront les plus utiles lumières sur les phénomènes intimes de la vie des plantes. Or, dans tous ces cas, Braconnot se passa du secours de l'analyse organique ; il arriva à ces belles observations avec les seuls moyens de recherches que l'on possédait au début de notre siècle. Homme heureux ! il vit sortir de ses mains fécondes des découvertes d'une portée inattendue, et jamais il n'emprunta à la science du jour ses instruments ambitieux.

Le chimiste qui reprit et termina l'étude de la xyloïdine, fut E. Pelouze. En 1838, E. Pelouze publia sur la xyloïdine un de ces mémoires corrects et achevés comme on les aime à l'Institut. Il fit le nombre voulu d'analyses organiques, fixa le poids atomique de ce composé, et établit sa formule rationnelle. Mais, ce qui valait mieux encore, il fit une observation entièrement neuve, et de laquelle la découverte de la poudre-coton devait nécessairement sortir. Il trouva que la xyloïdine peut se produire avec d'autres substances que l'amidon, et que si l'on plonge pendant quelques minutes du papier, des tissus de coton ou du lin, dans l'acide azotique concentré, ces matières se changent en xyloïdine et deviennent extrêmement combustibles.

Cependant la pensée ne vint pas à Pelouze d'employer dans les armes à feu, en guise de poudre, le coton ainsi traité. Tant simple soit-elle, cette idée ne se présenta pas à son esprit. Il entrevit néanmoins et il annonça que ces substances « seraient susceptibles de quelques applications, particulièrement dans l'artillerie. » Il remit même à un capitaine d'artillerie, nommé Haquiem, un échantillon de cette matière, en le priant d'examiner si l'on ne pourrait pas en tirer quelque parti. Mais ce dernier eut un tort dans cette affaire : il mourut, et Pelouze ne songea pas davantage aux expériences d'artillerie.

Fig. 165. — E. Pelouze.

Louis Figuier

La xyloïdine était donc à peu près oubliée, et restait seulement au nombre des produits intéressants de laboratoire, lorsque M. Schönbein, comme nous venons de le dire, découvrit une substance tout à fait analogue à la xyloïdine par ses propriétés explosives, et qui se préparait par le procédé même que Pelouze avait décrit, c'est-à-dire par l'immersion du coton dans de l'acide azotique concentré.

C'est ainsi que cet enfant de la chimie, perdu sur les rives de la Seine, fut heureusement retrouvé dans un canton de la Suisse allemande et produit aussitôt dans le monde par le savant honorable qui s'en était fait le parrain.

La découverte du fulmi-coton fut accueillie avec une faveur sans exemple. Aucune invention scientifique n'a occupé à ce point l'attention du public ; pendant un mois on ne parla pas d'autre chose, et jamais on n'avait entendu dans les salons et dans les cercles tant de savantes discussions.

Cet empressement contrastait beaucoup avec l'accueil fait à la découverte nouvelle par les savants spéciaux. Ceux-ci n'avaient qu'un mépris superbe pour cette « *poudre de salon.* » Le *Comité d'artillerie* qui est institué près le Ministère de la guerre, était rempli d'un dédain suprême pour les personnes qui avaient la prétention de traiter des questions pareilles sans toutes les notions indispensables du métier, et quand on parlait de la poudre-coton au Comité d'artillerie, le Comité d'artillerie haussait les épaules. Le colonel Piobert et le colonel Morin, qui représentaient à l'Institut, l'artillerie savante, arrivaient, tous les lundis, à l'Académie, avec les notes les plus accablantes pour cette innocente invention. Ils gourmandaient l'ignorance et la crédulité du public ; ils le renvoyaient dédaigneusement aux vieilles expériences de Réaumur et de Rumford. Enfin, ils faisaient eux-mêmes des essais avec des produits mal préparés, et apportaient à l'Institut leurs résultats négatifs avec un visible sentiment de bonheur. Je n'ai jamais bien compris quel genre de satisfaction ces messieurs pouvaient ressentir alors. Les *Comptes rendus de l'Académie* ont même imprimé une note précieuse sous ce rapport, et que je recommande d'une manière spéciale à l'auteur futur du livre qui reste à faire sur les *encouragements accordés aux découvertes scientifiques.* Voici le passage le plus curieux de la note de MM. Piobert et Morin :

CHAPITRE IX

« Malgré le vague des renseignements transmis jusqu'à ce jour sur les effets de la poudre-coton, ou coton azoté, ainsi que le désigne M. Pelouze, auquel on doit la connaissance de cette matière vague qui ferait même douter de ses propriétés balistiques, l'artillerie n'en a pas moins étudié cette substance. Les essais qui ont été exécutés ont montré que ce coton, contrairement à ce qui avait été annoncé, donnait ordinairement un résidu formé d'eau et de charbon ; que sa combustion ne donnait pas lieu à un très-grand développement de chaleur ; qu'elle produisait peu de gaz, à tel point qu'il s'échappait quelquefois en totalité par la lumière et par le vent du projectile sans le déplacer ; que le volume des charges les plus faibles était en général très-considérable et excédait celui qu'il est convenable d'affecter à la charge des armes à feu[44]. »

Ainsi, selon MM. Piobert et Morin, la poudre-coton n'avait aucune force explosive, les gaz s'échappaient par la lumière et par le vent du projectile sans le déplacer. Or, on sait aujourd'hui que l'inconvénient du fulmicoton n'est point son défaut de force explosive, mais, tout au contraire, une puissance tellement considérable, qu'il est difficile de la contenir et de la régulariser pour son emploi dans les armes.

Une autre circonstance curieuse de l'histoire de la poudre-coton, c'est la longue résistance que mit M. Schönbein à avouer sa défaite. Tout le monde préparait du coton-poudre, la fabrication de ce produit existait déjà sur une échelle assez étendue, on discutait les frais probables de l'opération industrielle : M. Schönbein persistait encore à tenir son procédé secret. Le 13 novembre 1846, il écrivait de Bâle la lettre suivante au journal *le Times* :

« Des chimistes ont déclaré que mon fulmi-coton ou coton-poudre était la même chose que la xyloïdine de Braconnot et de Pelouze, et l'autre jour la même opinion a été exprimée dans l'Académie française des sciences. J'ai plus d'une raison de nier l'exactitude de cette assertion, La déclaration d'un fait très-simple suffira pour prouver ce que j'avance. La xyloïdine de Pelouze est, conformément aux déclarations de ce chimiste distingué, facilement soluble dans l'acide acétique, formant avec ce dernier une sorte de vernis. Cet acide n'a pas la moindre action sur le coton-poudre, quelque longtemps et à quelque température que les deux substances soient tenues en contact l'une avec l'autre. »

Louis Figuier

Mais on laissait dire l'inventeur qui voyait son secret lui échapper, et ne savait pas en prendre son parti.

Heureusement pour les intérêts de monsieur Schönbein, l'Allemagne fit de cette question une affaire d'amour-propre national. M. Bœttger, de Francfort-sur-le-Mein, qui avait l'un des premiers pénétré le secret de M. Schönbein, s'était associé à lui pour, l'exploitation du nouveau produit. La diète germanique, afin de constater les droits du pays à cette découverte, accorda, comme récompense, aux deux associés, une somme de 260 000 francs. Dès lors M. Schönbein put parler. Il va sans dire que ce qu'il révéla touchant la poudre-coton était parfaitement conforme à tout ce que l'on avait annoncé et écrit depuis six mois.

Comme nous ne voudrions pas être taxé d'injustice dans la partie de ce récit qui concerne M. Schönbein, nous rapporterons, les termes mêmes du mémoire explicatif que le chimiste de Bâle a publié pour faire connaître la part qu'il a prise à la découverte de la poudre-coton. L'apologie de l'auteur, faite par lui-même, ne contredit, comme on va le voir, aucune des assertions contenues dans notre récit.

Dans une *Notice sur la découverte du fulmi-coton* publiée à Bâle, le 26 décembre 1846, M. Schönbein, après quelques considérations de chimie pure, que nous omettons, s'exprime ainsi :

« Mes expériences sur l'ozone ayant fait voir que ce corps, que je considère comme un peroxyde d'hydrogène d'espèce à part, forme, ainsi que le chlore, à la température ordinaire, un composé particulier avec le gaz oléifiant, sans exercer, à ce qu'il paraît, la plus légère oxydation sur l'hydrogène non plus que sur le carbone de ce gaz, j'ai eu l'idée qu'il ne serait pas impossible que certaines matières organiques, exposées à une basse température, formassent aussi des combinaisons, soit avec le peroxyde d'hydrogène seul, qui, dans mon hypothèse, se trouve à l'état de combinaison ou de mélange dans le mélange acide, soit avec NO_4, C'est cette conjecture, bien singulière sans doute aux yeux des chimistes, qui m'a principalement engagé à commencer des expériences avec le sucre ordinaire.

« J'ai fait un mélange d'un volume d'acide nitrique de 1,5 pesanteur spécifique, et de deux volumes d'acide sulfurique de 1,85, à la température de + 2° ; j'y ai mis du sucre en poudre fine, de manière à former une bouillie très-fluide. J'ai remué le tout, et, au bout de quelques minutes seulement, la substance sucrée s'est réunie en une masse visqueuse entièrement séparée du liquide acide, sans aucun dégagement de gaz. Cette masse pâteuse a été lavée à l'eau bouillante, jusqu'à ce que cette dernière n'ait plus exercé de réaction acide ; après quoi je l'ai dépouillée, autant que j'ai pu, sous l'action d'une douce température, des particules aqueuses qui s'y trouvaient encore. La substance que j'ai obtenue alors possède les propriétés suivantes. Exposée à une basse température, elle est compacte et cassante ; à une température douce, on peut la pétrir comme de la résine de jalap, ce qui lui donne un éclat soyeux magnifique. Elle est à moitié liquide à la température de l'eau bouillante ; à une température supérieure, elle dégage des vapeurs rouges ; chauffée davantage encore, elle s'enflamme subitement et avec violence sans laisser de résidu sensible. Elle est presque insipide et incolore, transparente comme les résines, à peu près insoluble dans l'eau, mais facilement soluble dans les huiles essentielles, dans l'éther et l'acide nitrique concentré.

« J'ai voulu faire aussi des expériences avec d'autres matières organiques, et tout aussitôt j'ai découvert, les unes après les autres, toutes les substances dont il a été si fréquemment question dans ces derniers temps, surtout à l'Académie de Paris. Tout cela se passait en décembre 1845 et dans les deux premiers mois de 1846. J'envoyai en mars des échantillons de mes nouvelles combinaisons à quelques-uns de mes amis, en particulier à MM. Faraday, Herschel et Grove. Il est tout au plus nécessaire de noter expressément que le coton à tirer faisait partie de ces produits ; mais je dois ajouter qu'il était à peine découvert que je m'en servis pour des expériences de tir, dont le résultat fut si heureux, que j'y trouvai un encouragement à les continuer. Sur l'obligeante invitation qui me fut faite, je me rendis, vers le milieu d'avril, en Wurtemberg, et j'y fis des expériences avec le coton à tirer, soit dans l'arsenal de Ludwigsburg, en présence d'officiers supérieurs d'artillerie, soit à Stuttgard, devant le roi même. Dans le courant des mois de mai, juin et juillet, j'ai fait ensuite, dans cette ville même (Bâle), avec la bienveillante coopération de M. le commandant de Mechel, de M. Burkhardt, capitaine d'artillerie, et d'autres officiers, de

Louis Figuier

nombreuses expériences avec des armes de petit calibre, telles que pistolets, carabines, etc., puis aussi avec des mortiers et des canons ; expériences auxquelles M. le baron de Krüdener, ambassadeur de Russie, a plusieurs fois assisté. C'est moi-même, qu'on me permette de le dire, qui ai mis le feu à la première pièce de canon chargée avec du coton à tirer et à boulet, le 28 juillet, si je ne me trompe, après que nous nous étions déjà assurés, par des essais avec des mortiers, que la substance en question pouvait servir aux armes de gros calibre.

« Vers la même époque, et antérieurement déjà, je me servis du coton à tirer pour faire sauter des rochers à Istein, dans le grand-duché de Bade, et de vieilles murailles à Bâle, et, dans l'un et l'autre cas, j'eus lieu de m'assurer, de la manière la plus indubitable, de la supériorité de la nouvelle substance explosive sur la poudre ordinaire.

Fig. 166. — Schönbein.

« Des expériences de ce genre, qui eurent lieu fréquemment et en présence d'un grand nombre de personnes, ne pouvaient rester longtemps ignorées, et les feuilles publiques ne tardèrent pas à donner, sans ma participation, des renseignements plus ou moins exacts sur les résultats que j'avais obtenus. Cette circonstance, jointe à la petite notice que je fis insérer dans le cahier des *Annales* de Poggendorff, ne pouvait manquer d'attirer l'attention des chimistes allemands ; aussi, au milieu d'août, je reçus, de M. Bœttger, professeur à Francfort, la nouvelle qu'il avait réussi « à préparer du coton à tirer et d'autres substances. » Nos deux noms se trouvèrent ainsi associés dans la découverte de la substance en question ; quant à M. Bœttger, le coton à tirer devait avoir pour lui un intérêt tout particulier, puisque déjà antérieurement il avait découvert un acide organique qui s'enflamme aisément.

« Au mois d'août également, j'allai en Angleterre, où, aidé de l'habile ingénieur M. Rich. Taylor, de Falmouth, je fis, dans les mines de Cornouailles, de nombreuses expériences qui eurent un entier succès, au jugement de tous les témoins compétents. En plusieurs endroits de l'Angleterre, il se fit aussi, sous ma direction, des expériences sur l'action du coton à tirer, soit avec de petites armes à feu, soit avec des pièces d'artillerie, et les résultats obtenus furent très-satisfaisants.

« Jusque-là il n'avait été que peu ou point question, en France, du coton à tirer, et il paraîtrait que ce sont les courts renseignements que M. Grove donna à Southampton, en présence de l'*Association britannique* et les expériences dont il les accompagna qui attirèrent pour la première fois l'attention des chimistes français sur cette substance. À Paris, on jugea d'abord la chose assez peu croyable, on en fit même le sujet de quelques plaisanteries ; mais, lorsqu'il ne put plus régner aucun doute sur la réalité de la découverte et que plusieurs chimistes de l'Allemagne et d'autres pays eurent fait connaître les procédés dont ils se servaient pour préparer le coton à tirer, alors on se prit d'un vif intérêt pour ce qui venait d'exciter la raillerie, et bientôt on prétendit retrouver, dans le nouveau corps explosif, une ancienne découverte française. C'était tout simplement, disait-on, la xyloïdine trouvée d'abord par M. Braconnot, puis étudiée de nouveau par M. Pelouze, et le seul mérite qu'on me laissât, était d'avoir eu le premier l'heureuse idée de mettre cette substance dans le canon d'un mousquet.

Louis Figuier

« S'il est avéré que, dès le commencement de 1846, j'ai préparé le coton à tirer et l'ai appliqué au tir des armes à feu, et que M. Bœttger l'a fait au mois d'août, s'il est bien reconnu que la xyloïdine ne peut pas servir au même usage que ce coton, et s'il est de notoriété publique que ce que l'on appelle maintenant pyroxyloïdine n'a été porté à la connaissance de l'Académie française et du monde savant que vers le milieu de novembre dernier, il ne peut être sérieusement question d'attribuer à la France la découverte du coton à tirer, et de ne m'accorder d'autre mérite que d'avoir le premier appliqué à un usage pratique ce qu'un autre aurait découvert. »

Ainsi M. Schônbein avait découvert un produit explosif, en faisant agir l'acide azotique sur les fibres ligneuses ; mais ce même produit, quel que soit le nom qu'on lui donne, avait été découvert et décrit par Pelouze, qui avait entrevu la possibilité d'en faire quelques applications dans l'artillerie. Aucune équivoque ne peut empêcher l'existence de ce fait, et par conséquent la priorité de la découverte de Pelouze.

Nous devons ajouter qu'en 1847, M. Schönbein vendit, en Angleterre, son brevet pour la fabrication du fulmi-coton. Seulement, l'explosion de la fabrique qui était établie à Dartford, mit fin à l'entreprise du cessionnaire de ce brevet.

Fig. 167. — Préparation du fulmi-coton (trempage dans les acides et expression du produit).

CHAPITRE IX

CHAPITRE X

PRÉPARATION, PROPRIÉTÉS ET EFFETS EXPLOSIFS DU COTON-
POUDRE. — COMPARAISON DE SES EFFETS ET DE CEUX DE LA
POUDRE ORDINAIRE. — SES AVANTAGES ET SES DANGERS. — SON
AVENIR. — APPLICATIONS DIVERSES DU COTON-POUDRE.

Le coton-poudre se prépare avec une simplicité et une promptitude extraordinaires. Toute l'opération consiste à plonger du coton non cardé dans de l'acide azotique très-concentré. L'acide azotique se combine avec la cellulose du coton, et forme de la *cellulose nitrée*, qui constitue le fulmi-coton. Seulement, comme l'acide azotique très-concentré est un produit cher, on a eu l'idée d'employer l'acide ordinaire du commerce, en y ajoutant de l'acide sulfurique. Ce dernier, qui est extrêmement avide d'eau, s'empare de l'eau excédante de l'acide azotique, et le concentre ainsi sur place et à peu de frais. Les meilleures proportions de ce mélange ont été indiquées par M. Meynier, de Marseille : elles sont de 3 volumes d'acide azotique ordinaire pour 5 volumes d'acide sulfurique à 66 degrés. À la poudrerie du Bouchet, on employait 2 volumes d'acide azotique pour 3 volumes d'acide sulfurique à 66 degrés.

Voici comment l'opération s'exécute dans la pratique. Les renseignements qui vont suivre sont empruntés à un mémoire rédigé par M. Maurey, ancien commissaire des poudres à la manufacture du Bouchet, où l'on prépara, de 1847 à 1852, pour les essais du gouvernement, des quantités assez considérables de fulmi-coton.

Le mélange des acides azotique et sulfurique est préparé la veille du jour où l'on doit s'en servir. Les proportions étant de 4 litres d'acide azotique pour 6 litres d'acide sulfurique, on mesure d'abord les 4 litres d'acide azotique, qu'on verse dans un vase de grès ; puis on y ajoute peu à peu les 6 litres d'acide sulfurique, en agitant le liquide avec une baguette de verre.

On procède le lendemain au *trempage* dans la liqueur acide. Cette opération s'effectuait, à la manufacture du Bouchet, de la manière suivante : dans un vase en grès, d'environ 20 centimètres de diamètre et de 14 centimètres de profondeur, muni d'un disque en verre servant de couvercle, on versait d'abord 1 litre de mélange, puis l'ouvrier trempeur y plongeait rapidement, en quatre ou cinq fois, 100 grammes de coton, pesés d'avance, qu'il enfonçait au moyen d'un tampon en verre (*fig.* 167). La première partie était la plus difficile à imbiber ; on distinguait les points non imprégnés à leur couleur plus blanche, et l'on y faisait pénétrer la liqueur en les ouvrant avec deux baguettes de verre. On ajoutait ensuite, dans le même vase, un second litre de mélange et une seconde ouate de 100 grammes. Chaque vase renfermait ainsi 200 grammes de coton et 2 litres d'acides ; on le recouvrait avec le disque en verre, pour empêcher les émanations de l'acide, qui auraient gêné les opérateurs, et pour soustraire le mélange à l'action de l'air humide, qui l'eût affaibli en lui cédant de l'eau.

Quelquefois il se manifestait des décompositions dans le premier quart d'heure de l'immersion. On en était averti par la couleur rutilante qui se montrait dans le vase au travers du couvercle, et on les arrêtait comme on verra plus loin.

On laissait le coton macérer dans le mélange acide pendant au moins une heure.

Pour exprimer les acides non combinés, on soumettait à la fois, dit M. Maurey, le contenu de vingt vases, c'est-à-dire 4 kilogrammes de coton trempé, à l'action d'une *presse à acides*. Cette presse se composait d'une vis en fonte qui descendait, au moyen d'un levier, dans une cage en grès, laissant couler les acides par son fond. Les dimensions intérieures de l'auge étaient : 30 centimètres pour la longueur, 30 centimètres pour la largeur et 40 centimètres pour la profondeur. Sa paroi antérieure était remplacée par une planche recouverte de plomb, qui pouvait s'enlever à volonté.

Le coton était disposé par couches horizontales. On le recouvrait d'un plateau en fonte qui lui transmettait la pression de la vis. Le liquide acide sortant de la presse était recueilli et conservé avec soin. Il servait à préparer de nouvelles quantités de fulmi-coton. Seulement le degré de dilution et d'affaiblissement de cette liqueur, rendait assez difficile son emploi. Les *acides vieux* ne donnaient que des produits sur lesquels on ne pouvait compter avec certitude. Nous négligerons dans cet exposé, l'emploi de ces *acides vieux* pour fabriquer le fulmi-coton.

On déchargeait la presse en enlevant la paroi mobile de l'auge de

CHAPITRE X

grès ; on prenait le coton pressé avec une fourche en fer, et pour le laver on le mettait dans des paniers en osier, ayant 90 centimètres de longueur, sur 63 centimètres de largeur et 68 de profondeur. On ouvrait le coton, pour que l'eau pût y pénétrer plus facilement, et on en fonçait le panier dans l'eau de la rivière. Au moyen de bâtons en bois, on agitait le coton dans l'eau sans cesse renouvelée par le courant, et on l'y laissait pendant une heure ou une heure et demie, en le remuant de temps à autre avec les bâtons.

On le portait ensuite à une *presse à eau*, formée d'une vis en bois, d'un disque compresseur mû par cette vis, et d'un baril dont les parois, percées d'ouvertures, donnaient passage au liquide exprimé.

Pour débarrasser le coton des dernières traces d'acide, on le laissait tremper, pendant vingt-quatre heures, dans une lessive de cendres contenue dans de grands cuviers en bois. On le remuait de temps à autre, et l'on vérifiait l'état alcalin de la liqueur au moyen d'un papier rouge de tournesol. Tant que ce papier était ramené au bleu, la lessive servait à de nouvelles quantités de coton.

Au sortir du cuvier, le coton était remis dans les paniers en osier, au milieu de la rivière, et y subissait un dernier lavage et une dernière immersion d'une heure. On le rapportait une seconde fois à la presse, pour en exprimer la majeure partie de l'eau retenue entre les filaments.

On le déposait enfin dans des paniers où il était conservé humide (quelquefois pendant plusieurs mois), jusqu'à ce que le temps permît de le sécher.

Un accident arrivé dans la sécherie chauffée par la vapeur, ayant prouvé qu'il pouvait y avoir explosion vers 44 degrés centigrades, on avait renoncé à l'emploi de toute chaleur artificielle. Le coton était étendu sur une toile claire et abandonné à l'air libre (*fig.* 168).

Dans les premiers temps, dit M. Maurey, on avait séché le pyroxyle au soleil, en l'étendant sur des draps de toile. Ce mode est l'un des plus expéditifs : en un jour on séchait 4 kilogrammes par drap de 2^m, 80 de longueur sur 2 mètres de largeur. Cependant on cessa d'opérer ainsi lorsqu'on eut remarqué que l'insolation élevait la température du produit à un degré qui parut dangereux.

Louis Figuier

Fig. 168. — Séchage du fulmi-coton à l'air libre.

Après le séchage, le pyroxyle était trié et ouvert à la main ; on enlevait avec soin les points attaqués par des décompositions.

Enfin, on le renfermait dans les barils qui sont en usage pour conserver la poudre. On plaçait 10 kilogrammes de fulmi-coton pour un baril pouvant contenir 50 kilogrammes de poudre ordinaire, et 20 kilogrammes de fulmi-coton dans un baril destiné à contenir 100 kilogrammes de poudre.

En suivant le procédé qui vient d'être décrit, on obtenait, à la manufacture du Bouchet, 170 parties de fulmi-coton par 100 parties de coton sec.

Le prix de revient du fulmi-coton est, en moyenne, de 8 à 9 francs le kilogramme.

D'après les calculs de M. Maurey, le prix de revient du fulmi-coton préparé au Bouchet, serait d'environ trois fois celui de la poudre la plus chère et six fois celui de la poudre de mine. Il faudrait donc que le pyroxyle fût trois fois aussi fort que la première et six fois aussi fort que la seconde, pour que des effets égaux coûtassent le même prix. C'est à peu près, comme on le verra plus loin, la proportion qui existe entre les effets balistiques des deux produits. Le prix de revient du coton-poudre n'est donc pas beaucoup plus élevé que celui de la poudre ordinaire.

Au lieu de coton, on s'est quelquefois servi de papier ; ce papier fulminant produit le même effet que le fulmi-coton. Pour préparer le papier fulminant, on suit exactement les procédés qui viennent d'être décrits pour le fulmi-coton. Il faut seulement user de plus de précautions, pour que les feuilles de papier ne soient pas déchirées, ni réduites en pâte pendant les lavages.

On a également préparé un pyroxyle avec de la fécule. Le produit, auquel on a donné le nom de *pyroxam*, a les mêmes propriétés et la même composition que le fulmi-coton.

Pour préparer le *pyroxam* il faut dessécher la fécule dans le vide, en la chauffant à la température de 125 degrés, ce qui lui enlève toute l'eau qu'elle retient mécaniquement. On laisse refroidir la fécule ainsi desséchée dans un vase clos et sec ; puis on la délaye dans un mélange d'acides azotique et sulfurique, en employant 15 parties en poids du mélange acide, pour 1 partie de fécule. On laisse séjourner la fécule pendant six heures dans le bain acide. Alors on lave le produit dans un courant d'eau, et on le dessèche dans un courant d'air, à la température de 40 degrés.

La poudrerie du Bouchet a cessé de préparer du fulmi-coton, à la suite d'accidents arrivés pendant sa préparation, et à cause de divers défauts de cette substance explosible, sur lesquels nous aurons à revenir plus loin. Ces accidents ont décidé, en 1852, le gouvernement français à renoncer à l'usage du pyroxyle dans l'artillerie. Mais on a été plus persévérant en quelques pays. En Autriche, le général Lenk, qui a repris en 1862 l'étude de cette question, a établi à Hirtemberg une fabrique de fulmi-coton, avec l'appui du gouvernement. Une étude attentive a permis au général Lenk, de modifier d'une manière avantageuse, sous quelques rapports, la préparation du fulmi-coton. Voici le procédé suivi dans cette manufacture.

Le coton cardé est toujours la substance qui sert de base à la préparation ; mais les proportions d'acides azotique et sulfurique, ne sont, pas les mêmes qu'autrefois. On emploie un volume d'acide azotique pour trois volumes d'acide sulfurique à 66 degrés. On prend 30 kilogrammes de ce mélange acide pour 100 grammes de coton. Au lieu de laisser agir l'acide pendant une heure, comme on le faisait à la poudrerie du Bouchot, on n'y laisse tremper le coton que pendant quelques instants. Le coton retiré après l'immersion, est remplacé par une quantité de mélange acide suffisante pour maintenir le liquide au même niveau. On opère ainsi, d'une manière continue, en ajoutant de nouvelles proportions du mélange, à mesure qu'il a servi à transformer le coton en pyroxyle.

En sortant du bain acide, le fulmi-coton n'est pas immédiatement lavé, comme on le faisait en France : il est abandonné à lui-même, pendant quarante-huit heures. Au bout de ce temps, on le place dans une *essoreuse mécanique*, c'est-à-dire dans un de ces appareils employés dans l'industrie pour sécher les tissus, et qui se compose d'un cylindre métallique percé de nombreux trous et tournant rapidement sur son axe. Par la force centrifuge, la presque totalité du liquide imbibant les fibres du tissu, est projetée au loin. Après cet *essorage*, on lave le coton dans de l'eau courante, et on le laisse tremper, pendant six semaines entières, dans l'eau. On le soumet ensuite à un nouveau séchage dans l'*essoreuse mécanique*. Pour enlever les dernières proportions d'acide, on trempe le coton, au sortir de l'essoreuse, dans une dissolution de carbonate de potasse, marquant 2 degrés à l'aréomètre de Baumé. On procède à un troisième essorage ; enfin on sèche la matière à l'air libre, ou dans une étuve dont la température ne dépasse pas 20 degrés centigrades.

Pour diminuer la rapidité de sa combustion, cause principale des inconvénients du coton-poudre enflammé dans les armes, le général Lenk a eu l'idée de l'imbiber légèrement d'un enduit fixe. Cet enduit est du silicate de soude dissous dans l'eau. On immerge dans cette dissolution saline le fulmicoton une fois préparé. Le silicate de soude qui enveloppe les fibres du coton, entre en fusion, au moment de l'explosion, et recouvrant ses fibres d'une couche imperméable à l'air, retarde sensiblement sa combustion.

Le rendement à la poudrerie du Bouchet était, avons-nous dit, de 170 parties de pyroxyle pour 100 parties de coton sec. Le rendement de la fabrique autrichienne est un peu moindre ; il n'est que de 155 parties de pyroxyle pour 100 parties de coton.

En Angleterre, l'étude du coton-poudre a été reprise récemment. De grandes quantités de ce produit ont été préparées, en 1866 et 1867, à l'arsenal de Woolwich, et on paraît avoir réussi à perfectionner assez sa préparation pour obtenir un produit exempt des défauts que l'on a constatés dans les pyroxyles préparés en France et en Allemagne. Nous parlerons, à la fin du chapitre suivant, des propriétés du nouveau pyroxyle anglais.

CHAPITRE X

CHAPITRE XI

PROPRIÉTÉS BALISTIQUES DU COTON-POUDRE PRÉPARÉ EN
FRANCE. — SES EFFETS DANS LES ARMES PORTATIVES ET DANS
LES BOUCHES A FEU. — DANGERS ET INCONVÉNIENTS DU COTON-
POUDRE. — LE PYROXYLE AUTRICHIEN ET LE PYROXYLE ANGLAIS.
— RÉSULTATS CONSTATÉS EN 1868. — CONCLUSION.

Nous passons à l'examen des propriétés balistiques du coton-
poudre.

Cette substance est éminemment et essentiellement combustible :
une étincelle l'enflamme, le choc d'un lourd marteau suffit
quelquefois pour la faire détoner. On s'explique aisément cet effet
quand on connaît sa composition chimique. Le pyroxyle est une
combinaison de la matière organique qui constitue le coton avec
les éléments de l'acide azotique. D'après M. Béchamp, sa formule
chimique est

$$\underbrace{C^{24}H^{17}O^{17}}_{\text{Cellulose.}} + \underbrace{5AzO^5}_{\text{Acide azotique.}}$$

M. Béchamp a trouvé aussi qu'il existe deux autres variétés de
fulmi-coton ne contenant que 3 et que 4 équivalents d'acide
azotique. Le coton et les matières végétales de la même espèce, sont
des corps déjà très-combustibles par eux-mêmes ; en brûlant, ils
donnent naissance à des produits gazéiformes, l'acide carbonique
et la vapeur d'eau. Mais le coton ne renferme pas assez d'oxygène
pour brûler complètement ; il reste toujours, après sa combustion,
un résidu assez abondant de charbon. Dans le pyroxyle, au
contraire, l'acide azotique combiné avec le coton, fournit à celui-
ci tout l'oxygène nécessaire à sa combustion complète, et comme
d'ailleurs l'acide azotique, lorsqu'il se décompose, donne lui-
même naissance à des produits gazeux, il résulte de ces deux effets
que le pyroxyle, en brûlant, se transforme totalement en fluides
élastiques.

Ce composé réunit donc toutes les conditions nécessaires pour
constituer une poudre explosive : une matière solide se réduisant

instantanément en gaz. Nous donnerons une idée de la masse énorme de gaz qui se forme dans ce cas, en disant que, d'après les expériences directes, un volume de coton-poudre produit en brûlant huit mille volumes de gaz. Dans les mêmes circonstances, la poudre ordinaire produit seulement, comme l'a reconnu le capitaine Brianchon, quatre mille volumes de fluides élastiques. On comprend, d'après cela, la possibilité de consacrer le pyroxyle aux usages de la poudre.

Disons tout de suite que le pyroxyle est doué d'une force balistique plus considérable que celle de la poudre ordinaire, et que pour la charge des fusils de chasse, par exemple, au lieu de prendre $3^{gr},20$ de poudre, qui représentent une charge ordinaire, il faut seulement prendre le quart de ce poids de fulmi-coton, c'est-à-dire 8 décigrammes. Dans un fusil de munition, 2 grammes de fulmi-coton produisent sur une balle pesant 25 grammes, le même effet que 9 grammes de poudre. Cependant, lorsque les charges augmentent dans des armes plus volumineuses, le fulmi-coton perd de sa supériorité de force impulsive sur la poudre.

Mais cette question est trop complexe pour être réduite ainsi à une expression générale.

Pour avoir une idée exacte des effets balistiques du fulmi-coton, comparés à ceux de la poudre ordinaire, il faut connaître les résultats des expériences qui ont été faites en France par les hommes de l'art, pour étudier à fond cette question.

M. le capitaine Suzane et M. de Mézières, élève-commissaire des Poudres et salpêtres, avaient fait, à Paris, les premières expériences sur la force impulsive du fulmi-coton. Le 3 décembre 1846, le ministre de la guerre forma une commission composée des hommes les plus autorisés dans ces matières, tels que le colonel Piobert et le colonel Morin, Pelouze, M. Combes, ingénieur en chef des Mines, le capitaine Suzane, le chef d'escadron Didion, M. Maurey, etc. Elle était présidée par un des fils du roi Louis-Philippe, le duc de Montpensier, qui suivit tous ses travaux avec un soin particulier.

La commission instituée en 1846, fut plus tard modifiée : la suite des expériences et la rédaction du rapport, furent confiées, par un ordre ministériel du 4 janvier 1849, à une sous-commission ainsi composée : le général de Laplace, président, le général Robert, le capitaine d'artillerie Pioct, et le colonel Morin, rapporteur.

Les expériences auxquelles procédèrent les membres de cette commission, durèrent deux ans et demi. Le résultat en fut rendu public en 1852 seulement, dans un rapport au ministre de la guerre, qui fut imprimé dans le *Mémorial de l'artillerie*.

Ces résultats fixèrent l'opinion du gouvernement français sur les dangers de la nouvelle poudre.

Nous allons faire connaître les expériences les plus importantes auxquelles se livra la commission française de 1849, d'après le rapport inséré dans le *Mémorial de l'artillerie*, sous ce titre : *Rapport sur le pyroxyle à base de coton et sur les autres matières explosives analogues, comparées à la poudre*[45].

Une première série d'expériences eut pour objet le tir dans les fusils. On commença par chercher quelle était la hauteur de charge la plus avantageuse à employer, c'est-à-dire le degré de compression le plus convenable à donner au fulmi-coton, pour l'intensité et la régularité du tir.

On tira avec une charge de 3 grammes de pyroxyle et des balles de calibre, et l'on trouva que la hauteur la plus favorable à donner à la charge était de 6 centimètres. Plus tard, on adopta des charges de la hauteur de 4 à 5 centimètres, qui ne diffèrent pas beaucoup du volume des charges de poudre de la même puissance.

Dans la seconde série d'expériences, on compara les effets balistiques du pyroxyle dans les fusils, avec ceux de la poudre ordinaire. Le fusil employé était le fusil de munition du modèle de 1816 : le poids de charge était de 3 à 4 grammes de fulmi-coton.

Les épreuves pour le tir au fusil, furent faites au *fusil-pendule*, et l'on compara les vitesses imprimées au même projectile, dans le fusil-pendule, par des charges de fulmicoton, ou des charges de poudre de la manufacture du Bouchet et de la manufacture d'Esquerdes.

Du tableau qui résume ces expériences la commission tira cette conclusion : « Dans les conditions ordinaires du tir au fusil, la puissance du pyroxyle est quatre fois plus forte que celle de la poudre de guerre, et deux fois plus forte que celle de la poudre de chasse. Pour obtenir un effet déterminé, les charges de fulmi-

Louis Figuier

coton, de poudre de guerre et de poudre de chasse doivent être entre elles comme les nombres 1, 2, 4. »

La troisième série d'expériences eut pour objet le tir au canon.

L'expérience eut lieu avec un canon de 12, en fonte. On lira avec des charges de 100, 200, 300 et 400 grammes de pyroxyle, en donnant à ces charges 5 centimètres de hauteur pour un poids de 100 grammes. Le bruit du canon tiré avec le pyroxyle était aussi fort que le bruit du canon à poudre. Seulement, la détonation ébranlait moins la pièce ; elle ne donnait point de fumée et n'encrassait pas le canon. Le recul de la pièce était moins considérable avec le pyroxyle qu'avec la poudre.

En tirant au *canon-pendule,* on reconnut que pour obtenir le même effet, il fallait employer deux fois et demie moins de pyroxyle que de poudre à canon, et que les charges devaient avoir le même volume pour le pyroxyle et pour la poudre à canon ordinaire.

Mais dans le cours de ces expériences, on reconnut le véritable défaut du fulmi-coton. On s'assura, à n'en pas douter, que le fulmi-coton est une poudre*brisante,* ce qui ne permet pas de la consacrer avec sécurité à un emploi régulier dans les armes. Expliquons ce que l'on doit entendre par une poudre brisante.

Pour qu'une poudre puisse s'employer avec une entière sécurité dans les armes, il faut qu'elle ne brûle pas trop vite. Quelle que soit, d'une manière relative, la rapidité de l'inflammation de la poudre dont nous faisons communément usage, il est facile de montrer par l'expérience, que, pendant sa combustion, sa masse entière ne s'embrase point à la fois, mais que toujours elle brûle de place en place, et pour ainsi dire, couche par couche. Il résulte de là que les gaz qui proviennent de cette combustion, ne sont pas brusquement et instantanément formés, mais qu'au contraire, ils prennent naissance d'une manière graduelle et successive. Dès lors, tout leur effet se porte sur le projectile et n'exerce sur les parois de l'arme aucune action destructive. Tel n'est pas, malheureusement, le mode de combustion du coton-poudre. Comme le pyroxyle n'est pas un simple mélange de matières inflammables, mais une véritable combinaison chimique, une substance homogène, il s'embrase tout entier, dans un espace de temps presque indivisible. Or, cette excessive rapidité d'inflammation, qui fait sa supériorité comme agent balistique, constitue précisément ses dangers. Avec des charges ordinaires, son usage n'offre aucun inconvénient ; mais si l'on dépasse les limites nécessaires pour une arme donnée, il peut arriver que l'arme éclate entre les mains, ou qu'elle souffre, au bout de peu de temps, des dégradations sérieuses. Le rapport de la commission de 1849 signale des faits très-graves sous ce rapport. Il parle de fusils et de bouches à feu mises hors de service par des charges de coton-poudre qui ne dépassaient pas de beaucoup les limites ordinaires.

La plupart des canons de fusil d'infanterie éclataient dès les premiers coups, à la charge de 7 grammes de pyroxyle ; tandis qu'ils peuvent tirer sans éclater, des charges de 30 grammes de poudre de guerre.

Les fusils d'infanterie chargés de $2^{gr},86$ de fulmi-coton, éclataient après 500 coups environ ; tandis que ces mêmes fusils peuvent tirer, sans être mis hors de service, jusqu'à 30 000 coups avec une charge de 8 grammes de poudre ordinaire.

D'après le rapport de la même commission, le fulmi-coton employé dans les canons de bronze, met la bouche à feu hors de service, au bout de quelques coups, avec des charges qui n'ont rien d'exagéré, et qui équivalent en force, à celles de la poudre ordinaire, dans les mêmes bouches à feu.

Les mortiers en fonte étaient brisés par le tir avec le fulmi-coton. Quand on voulait lancer des projectiles creux dans ces pièces, ces projectiles creux chargés de fulmi-coton et de balles de plomb, éclataient dans le mortier même.

Le matériel ordinaire de notre artillerie ayant été calculé, quant à sa résistance, sur la force explosive de l'ancienne poudre, il est évident qu'il ne pourrait s'accommoder de la force d'expansion beaucoup plus grande qui appartient au fulmi-coton. Pour consacrer ce nouveau produit aux usages de la guerre, il faudrait donc réformer toute notre artillerie, c'est-à-dire fabriquer des canons et des fusils beaucoup plus épais que ceux d'aujourd'hui. Ce n'est là sans doute qu'un défaut relatif : il tient à la quantité de notre matériel de guerre. Cependant il a paru constituer un inconvénient assez grave pour que l'on ait renoncé en France à l'emploi du fulmi-coton.

Outre ses effets destructeurs sur les armes qui composent notre

Louis Figuier

matériel de guerre, actuel, le fulmi-coton présente un autre inconvénient grave. Il s'altère spontanément ; il est peu stable. Ses éléments paraissent avoir une tendance particulière à se dissocier ; de là des altérations diverses et un commencement de décomposition dans les produits conservés un certain temps. D'après M. Maurey, la poudre-coton placée dans un lieu bien sec, et tenue dans des barils fermés à l'abri de l'action de l'air, présente néanmoins, au bout de huit à dix mois, des signes d'altération. La masse s'est humectée, elle répand une odeur piquante, elle s'est ramollie, et quelquefois presque réduite en pâte. Cette décomposition peut s'accompagner d'un dégagement de chaleur, et s'il arrive que la masse en travail soit considérable, l'échauffement peut aller au point de provoquer son inflammation.

L'instabilité des éléments du pyroxyle se manifeste de plusieurs manières : tantôt par des décompositions lentes et humides ; tantôt par des explosions spontanées, incomplètes ; enfin, par de véritables inflammations spontanées.

M. Maurey observa des effets d'altération sur plusieurs échantillons conservés dans des barils et en lieu sec : dans les uns, au bout de trois mois et demi ; dans les autres, au bout de neuf mois. Une odeur piquante s'y était développée ; tous contenaient de l'acide formique et une certaine quantité d'humidité. Dans les plus humides, on reconnaissait que les filaments avaient éprouvé un commencement de désorganisation »

Les pyroxyles fabriqués dans les *acides neufs* étaient les moins altérés ; ils imprimaient encore à la balle d'assez bonnes vitesses, avec les $\frac{2}{100}$ d'humidité dont ils étaient imprégnés, après quatre mois et demi de séjour en magasin. Ceux qui provenaient des *acides vieux* avaient pris, dans le même laps de temps, $\frac{4}{100}$ d'humidité ; en les faisant sécher, on leur rendait leur énergie primitive. Mais les échantillons fabriqués dans les acides non ravivés, et qui s'étaient chargés de 11,50 pour 100 d'humidité en huit mois et demi, avaient beaucoup perdu de leur force balistique. Essayés humides, ils ne pouvaient lancer la balle jusqu'au but.

M. Maurey, dans le mémoire auquel nous empruntons ces détails, raconte un exemple d'explosion spontanée d'un échantillon de pyroxyle conservé dans un flacon de verre. On avait placé sur une étagère du laboratoire, ce flacon, contenant quelques grammes de pyroxyle, qui avait été mis en réserve parce qu'on le considérait comme excellent. Trois moisaprès, on eut l'idée de l'examiner, et l'on fut surpris de trouver le bouchon à terre : il avait été lancé en l'air par les gaz formés pendant sa décomposition spontanée. Le produit primitif s'était changé en une matière molle, un peu élastique, d'une odeur acide désagréable, et rougissant fortement le papier de tournesol.

On reboucha le flacon, et l'on reconnut qu'il continuait à se dégager, du résidu, du gaz bioxyde d'azote. Il y eut même, plusieurs mois après, par une chaude journée d'été, une seconde projection du bouchon.

Une observation analogue a été faite à Montreuil, sur du pyroxyle à base de lin, qui s'était décomposé spontanément dans un bocal de verre.

Ces faits ne peuvent laisser aucun doute sur le fait de la décomposition spontanée du pyroxyle. Plus la masse en travail de décomposition est considérable, plus la chaleur développée doit être intense, et l'on conçoit qu'alors la masse entière puisse devenir la proie d'une inflammation spontanée. Telle est probablement la cause des explosions qui arrivèrent le 23 mars 1847, et le 2 août de la même année, dans les magasins de Vincennes où l'on conservait quelques barils de fulmi-coton.

Fig. 169. — Effets de l'explosion de l'atelier pour la fabrication du fulmi-coton, à la poudrerie du Bouchet, le 17 juillet 1848.

C'est une cause du même genre qui amena, à la poudrerie du Bouchet, la catastrophe du 17 juillet 1848. On avait préparé, au Bouchet, 1 600 kilogrammes de poudre-coton, et quatre ouvriers étaient occupés à l'enfermer dans des barils, lorsque, sans cause connue, le magasin sauta. Les désastres furent effroyables. Les quatre ouvriers occupés à emmagasiner le coton-poudre furent tués, trois autres blessés. Le bâtiment, dont les murs avaient, les uns, 1 mètre et les autres $0^m,50$ d'épaisseur, fut détruit de fond en comble ; il se forma, à sa place, une excavation de 16 mètres de diamètre sur 4 de profondeur (*fig.* 169). Toutes les douves et tous les cercles des barils, où le pyroxyle était enfermé, avaient entièrement disparu, comme s'ils eussent été volatilisés. Toutes les

Louis Figuier

pièces de bois de la construction étaient brisées. Cent soixante-quatre arbres situés aux environs, étaient complètement emportés ou coupés, les uns ras de terre, les autres à diverses hauteurs ; les plus voisins étaient dépouillés de leur écorce et divisés jusqu'aux racines en longs filaments. Jusqu'à 300 mètres environ, on retrouva une ligne de matériaux placés par ordre de densité, les pièces de bois le plus près, ensuite les pierres, enfin plus loin les débris de fer.

Ces malheurs ne sont pas les seuls. Déjà, en 1847, la manufacture de Darpfort (Angleterre) qui fabriquait du coton-poudre pour le concessionnaire de M. Schönbein, avait sauté en entraînant la mort de vingt-quatre personnes, et détruisant tous les ateliers. Cet accident tenait, sans doute, à une décomposition du pyroxyle. Peu de temps avant l'explosion, on venait pourtant de constater que la température de la masse séchée n'était que de 40 degrés.

M. Payen a reconnu que le fulmi-coton, quand il est soumis à une température de 50 à 60 degrés, subit une décomposition lente, mais continue, qui se termine par une explosion spontanée. Pelouze avait constaté le même fait pour des températures de 60 à 80 degrés[46]. Or, le pyroxyle exposé au soleil pendant sa dessiccation, ou dans toute autre circonstance, peut atteindre aisément la température de 60 degrés. Des caissons pleins de cette substance, et exposés au soleil, dans des pays chauds, en Algérie, dans le midi de l'Espagne, en Italie, arriveraient certainement et se maintiendraient à cette température de 60 degrés ; dans cette condition, l'explosion serait toujours à craindre.

Ce double inconvénient de la décomposition spontanée du pyroxyle, soit par le temps, soit par la chaleur, joint à ses effets de poudre brisante, annulent presque tous ses avantages, et rendent bien problématique la possibilité de son emploi dans les armes.

Nous devons ajouter, cependant, que des expériences récentes, faites par ordre du gouvernement anglais, à l'arsenal de Woolwich, tendent à prouver que le pyroxyle, lorsqu'il est convenablement préparé, n'est pas sujet à cette décomposition spontanée. Une communication faite à la *Société royale de Londres*, par M. Abel, chimiste attaché à l'arsenal de Woolwich, a établi des faits dignes d'être signalés sous ce rapport.

Nous venons de dire que MM. Pelouze et Maurey ont reconnu

que le fulmi-coton est susceptible de décomposition spontanée, dans des conditions qui peuvent se rencontrer, soit dans son emmagasinage, soit dans son application aux usages techniques et militaires. On a conclu de là que le coton-poudre, toutes les fois qu'il se trouve accumulé en quantité considérable, est sujet à faire explosion spontanément, soit par une température de 60 degrés, soit même à une température moins élevée. Ces résultats sont en désaccord avec ceux qui résultent d'observations et d'expériences nombreuses faites à Woolwich, de 1864 à 1868, dans le but d'établir jusqu'à quel point cette substance, telle qu'on la prépare en Angleterre, est susceptible d'être altérée par la lumière et la chaleur. Voici un extrait des conclusions du mémoire présenté par M. Abel à la *Société royale de Londres*, au mois de mars 1868, et les principaux résultats auxquels ces expériences ont conduit :

« 1° Le coton-poudre, préparé avec du coton convenablement purifié d'après la méthode du général Lenk, peut être exposé à la lumière diffuse du jour, soit à l'air, soit dans des caisses fermées pendant trois ans et demi au moins, sans subir la plus petite altération.

2° Si l'on expose pendant longtemps du coton-poudre, dans son état de sécheresse ordinaire, aux rayons directs du soleil ou même à un jour brillant, il ne s'opère dans cette substance qu'une altération très-graduelle. Il suit de là que les résultats obtenus ailleurs relativement à la décomposition très-rapide du coton-poudre exposé à la lumière du soleil, ne s'appliquent pas à la cellulose trinitrée presque pure, telle qu'on la prépare dans les fabriques anglaises.

3° Si l'on expose, pendant quelques mois, au soleil ou à un jour brillant, du coton-poudre légèrement humide renfermé dans des caisses closes, cette substance subit une altération, laquelle, quoique légère, est cependant plus sensible que dans le cas précédent.

4° Du coton-poudre, exposé au soleil jusqu'à ce qu'une légère réaction acide se soit développée, et renfermé ensuite immédiatement dans des caisses parfaitement closes, n'a subi aucune altération pendant un emmagasinage de trois ans et demi.

5° Le coton-poudre, tel qu'on le prépare dans les fabriques anglaises, et emmagasiné à l'état de sécheresse ordinaire, ne subit plus aucune altération, sauf le développement, peu après remballage, d'une légère odeur, et la propriété qu'il acquiert de rougir légèrement du papier de tournesol avec lequel on l'a emballé.

6° La décomposition du coton-poudre de qualité supérieure, tel qu'on l'obtient en suivant exactement le mode de fabrication indiqué par Lenk, lorsqu'on l'expose pendant un temps assez long à une température fort supérieure à celle des tropiques, a été trouvé très-insignifiante en comparaison des résultats publiés récemment par des chimistes du continent. L'altération légère qu'il pourrait éprouver peut d'ailleurs être combattue avec succès par des moyens très-simples, et qui, sans modifier en quoi que ce soit les propriétés de la substance, rendent l'emmagasinage et le transport du coton-poudre aussi peu dangereux, et, dans certaines circonstances, moins dangereux encore, que lorsqu'il s'agit d'emmagasiner et de transporter la poudre ordinaire.

7° Du coton-poudre, à l'état de parfaite pureté, résiste d'une manière remarquable aux effets destructeurs d'une température voisine de 100 degrés, et les produits nitreux inférieurs de la cellulose (coton-poudre soluble) ne sont certainement pas plus sujets à la décomposition lorsqu'ils sont à l'état de pureté.

8° Mais les produits ordinaires de la fabrication du coton-poudre contiennent toujours de faibles proportions d'impuretés organiques azotées, douées de propriétés instables, et qui ont été formées par l'action de l'acide nitrique sur des matières étrangères retenues par la fibre du coton, matières qui n'ont pu être complétement séparées par les procédés employés dans la purification de la substance. C'est la présence de ces impuretés dans le coton-poudre qui donne d'abord lieu au développement d'un acide libre lorsqu'on expose cette substance aux effets de la chaleur. C'est ensuite à l'action de cet acide qu'est dû l'effet destructeur qui a lieu sur les produits de la cellulose, et qui est suivi d'une décomposition que la chaleur accélère notablement. Il suffit de neutraliser la petite quantité d'acide libre, à mesure qu'il se développe, pour éloigner toute action de décomposition sur le coton-poudre. On y parvient facilement en répartissant d'une manière uniforme dans la masse d'une solution de coton-poudre, une faible quantité de carbonate de soude.

CHAPITRE XI

9° L'introduction dans le coton-poudre de 1 pour 100 de carbonate de soude suffit pour que cette substance n'éprouve aucune altération importante, lors même qu'elle se trouverait exposée à une température assez élevée pour produire un commencement de décomposition dans les produits parfaitement purs de la cellulose. À plus forte raison n'en éprouverait-elle aucune par suite des chaleurs les plus intenses que l'on rencontre dans les régions tropicales. Le seul effet que l'addition de cette petite quantité de carbonate de soude pourrait produire sur les propriétés explosives du coton-poudre, serait d'augmenter quelque peu la petite quantité de fumée qui accompagne sa combustion, et peut-être aussi d'en retarder légèrement l'explosion : résultats qui ne sont pas de nature à rien enlever à la valeur de cette substance.

10° L'eau est un excellent préservatif du coton poudre, même lorsque cette substance devrait être soumise à une température très-élevée, pourvu qu'elle ne soit pas exposée à la lumière du soleil pendant un temps très-long. Il n'est pas nécessaire de plonger le coton-poudre dans l'eau. Un séjour dans de l'air saturé de vapeur aqueuse suffit pour le mettre à l'abri de toute décomposition, lors même qu'il se trouverait emballé en grande quantité en paquets serrés. L'eau enlève aussi aux impuretés organiques, qui se trouvent habituellement dans le coton-poudre, la faculté de développer un acide lorsque cette substance se trouve fortement serrée par un emballage à l'état sec. Du coton-poudre légèrement humecté a pu être conservé pendant trois ans sans développer la plus petite trace d'acidité. Au bout de ce temps, si l'on expulse du coton-poudre saturé d'eau tout le liquide dont on peut se débarrasser, au moyen de l'extracteur centrifuge, on obtient une substance qui, quoique légèrement humide au toucher, n'est plus du tout explosive, et, partant, ne présente plus aucune chance d'accident C'est donc dans cet état qu'il convient d'emballer le coton-poudre pour le transporter dans des pays éloignés. En ajoutent à l'eau, dont on commence par le saturer, une très-petite quantité de carbonate de soude, le coton-poudre, lorsqu'on voudra le sécher pour en faire des cartouches, ou l'employer à tout autre usage, se trouvera renfermer la matière alcaline requise pour son emmagasinage à l'état sec dans toute espèce de climat. »

Tels sont les résultats de plusieurs années d'expériences attentives

Louis Figuier

poursuivies à l'arsenal de Woolwich. Ils tendent à prouver que les cas si nombreux d'altération et de décomposition spontanée constatés en France, peuvent être attribués à une mauvaise préparation du fulmi-coton, et que l'addition d'un centième de carbonate de soude au produit préparé par la méthode de Lenk, suffit pour garantir sa stabilité. Ces résultats apportent un correctif, utile à enregistrer, à l'impression défavorable qui doit résulter des observations que nous avons fait connaître.

En regard des inconvénients ou des dangers du fulmi-coton, plaçons les avantages qu'il présente.

Le fulmi-coton n'est aucunement altéré par l'eau. On peut l'abandonner longtemps à l'air humide, sans qu'il perde sensiblement de sa force explosive ; on peut le plonger dans l'eau et l'y laisser séjourner, on lui rend en le séchant ses qualités ordinaires. Ainsi, dans un cas d'incendie à bord d'un navire ou dans les bâtiments d'un arsenal, on pourrait noyer les poudres, et les retrouver ensuite avec leurs propriétés primitives.

Le pyroxyle n'attaque pas, ne salit pas les armes, qui, après quarante coups, sont aussi propres qu'auparavant ; il ne laisse point, comme on l'avait dit, les armes humides, par suite de la production d'eau qui accompagne sa combustion : la chaleur produite est si considérable, que tous les produits volatils sont chassés hors du canon.

Le coton-poudre brûle sans fumée et sans odeur. On a tiré parti de cette propriété sur plusieurs théâtres d'Allemagne, où l'on en fait usage pour les pièces à combat, à la grande satisfaction du public, des acteurs et surtout des chanteurs. Dans les armées, cette propriété du pyroxyle aurait à la fois des inconvénients et des avantages ; la fumée de la poudre ne masquant plus les hommes, la justesse du tir serait assurée, mais les batailles en deviendraient infiniment plus meurtrières. Les batailles navales deviendraient particulièrement terribles.

La fabrication du pyroxyle ne présente aucun danger. Les accidents qui ont été signalés dans les premiers temps de cette découverte, tenaient uniquement à ce que l'on desséchait la matière à l'aide de la chaleur. Or, comme il n'y a aucun avantage à sécher le coton-poudre en élevant sa température, on se contente aujourd'hui de

CHAPITRE XI

le sécher dans un courant d'air, à la température ordinaire. Grâce à cette précaution bien simple, la préparation du pyroxyle est beaucoup moins dangereuse que celle de la poudre ordinaire.

Le pyroxyle présente, en outre, dans sa fabrication, l'avantage d'une rapidité excessive ; une semaine suffirait pour approvisionner de munitions une armée de 100 000 hommes.

Quant au prix de revient, le fulmi-coton pourrait s'obtenir à un prix qui n'est pas extrêmement supérieur à celui de la poudre ordinaire. On pourrait le livrer, avec bénéfice pour le fabricant, à 9 francs le kilogramme. La poudre de guerre revient, dans les établissements de l'Etat, à 1 fr. 35 c. en moyenne le kilogramme (voir page 262) ; mais comme le pyroxyle produit, dans les armes un effet explosif triple de celui de la poudre, et que, par conséquent, pour obtenir un résultat donné, il faut employer trois fois moins de pyroxyle que de poudre, on voit que son prix de revient, pour produire le même effet qu'un kilogramme de poudre, serait seulement de 3 francs. Dans l'état actuel des choses, il y aurait donc une différence de 1 fr. 65 c. entre les deux matières, différence considérable sans doute, mais qui, probablement, à la suite d'une fabrication longue et régulière, finirait par s'effacer.

Le pyroxyle offre, sous le rapport de l'économie, des avantages incontestables pour les travaux des mines. MM. Combes et Flandin ont trouvé qu'il produit un effet cinq fois plus considérable que la poudre ordinaire des mines, dans le *sautage* de la plupart des roches. Il est certain, d'après ce résultat, que, lorsque le gouvernement voudra remplacer la poudre de mine par le pyroxyle, il pourra réaliser une importante économie.

L'emploi de la poudre-coton dans les mines, parut d'abord présenter un inconvénient particulier : sa combustion s'accompagne de la formation de gaz oxyde de carbone, et la présence de ce gaz est doublement fâcheuse, en ce qu'il est vénéneux et inflammable. Mais M. Combes a trouvé qu'en ajoutant au pyroxyle 8 à 10 pour 100 de salpêtre, on s'oppose à la production du gaz oxyde de carbone, qui se trouve brûlé par l'oxygène du salpêtre, et changé en acide carbonique. La force explosive du pyroxyle est, d'ailleurs, notablement accrue par l'addition du salpêtre, car il présente dès lors une puissance 7 à 8 fois plus considérable, à poids égal, que la

Louis Figuier

poudre de mine.

Nous avons scrupuleusement et impartialement exposé les inconvénients et les avantages qui se rattachent à l'emploi du coton-poudre. Quelle conclusion tirer de ces faits ? Faut-il croire que cette découverte, accueillie à son origine avec tant d'intérêt, soit destinée à s'ensevelir dans l'oubli ? Faut-il penser qu'après avoir éveillé tant d'espérances, elle n'aura créé pour nous que des dangers, sans nous laisser quelques avantages en échange ? Cette question, grave et complexe, impose nécessairement une réserve extrême. Il nous semble pourtant que, même dans l'état présent des choses, le pyroxyle présente une série d'avantages de nature à mériter l'attention. Une poudre absolument inattaquable par l'eau, — de propriétés et de composition constantes, — qui ne souille ni la main, ni les vêtements, ni les armes, — trois fois plus légère à transporter que l'ancienne poudre, puisqu'elle est trois fois plus puissante, — susceptible de subir, sans la moindre altération, les voyages par mer, — une poudre qu'on peut inonder dans un arsenal ou dans la cale d'un navire et lui rendre, plus tard, en la séchant, ses propriétés primitives, l'emporte assurément, sous bien des rapports, sur l'ancienne poudre, qui souille les mains, qui noircit les armes, que l'air humide altère, que l'eau détruit sans retour.

La supériorité du coton-poudre pour l'usage des mines et le sautage des roches, paraît d'ores et déjà établie. En 1847, le duc de Montpensier et le général Tugnot de Lanoye, directeur des poudres et salpêtres, avaient formé le projet d'établir plusieurs ateliers de fabrication de pyroxyle pour le *sautage* des roches ; la révolution de Février empêcha l'exécution de ce projet.

Quant à l'emploi du fulmi-coton dans les armes, il est certain qu'il existe ici des difficultés sérieuses ; cependant elles ne sont peut-être pas assez graves pour faire abandonner totalement les espérances conçues. Une étude approfondie et persévérante des faits nouveaux que ces questions soulèvent, pourra fournir un jour les moyens de modérer, de retarder, de régulariser l'explosion du pyroxyle, comme aussi de modifier sa préparation, de manière à éviter le fâcheux phénomène de sa décomposition spontanée.

Nous avons rapporté les résultats encourageants obtenus en Autriche par le général Lenk, en 1864, et ceux bien plus précis et bien plus décisifs, qui ont été communiqués à la *Société royale de Londres*, au mois de mars 1868, concernant les essais faits à l'arsenal de Woolwich. Un meilleur procédé de préparation du pyroxyle, et l'addition au produit conservé d'une faible quantité de carbonate de soude, paraissent avoir écarté les dangers que présentaient les pyroxyles préparés en Allemagne et en France, tant pour leur conservation dans les magasins, que pour leur transport et leur exposition au soleil.

Le baron Séguier a proposé, en 1864, de composer pour les bouches à feu et les fusils de munition, des charges mixtes de fulmi-coton et de poudre de mine, disposées de telle manière que la poudre de mine s'enflammât la première. L'effet brisant du fulmi-coton serait annulé grâce à ce mélange. En effet, la poudre de mine, dont la combustion est très-lente, s'enflammant la première, commencerait par détruire l'inertie du projectile, par l'ébranler et le déplacer, ensuite le fulmi-coton, en s'enflammant, imprimerait au projectile une grande vitesse, sans aucun danger pour les parois de l'arme. Cet artifice, qui donne les moyens de graduer, d'accroître peu à peu la force explosive des gaz, qui détruirait ainsi l'action brisante du fulmicoton, nous paraît bon en principe, et il est fâcheux que l'idée du baron Séguier n'ait pas été soumise à une expérience sérieuse.

Le général Lenk a essayé d'arriver au même résultat, c'est-à-dire d'obvier aux propriétés brisantes du fulmi-coton, en diminuant la rapidité de son inflammation. À cet effet, il a comprimé du coton-poudre dans de petites cartouches, qui s'enflammaient beaucoup moins vite que le fulmi-coton modérément comprimé. Il a fait ensuite des cartouches allongées en papier, entourées de fulmi-coton tressé. Des pièces de canon tirées avec de semblables cartouches contenant 48 grammes de pyroxyle, n'ont pas été détériorées.

Il résulte enfin d'observations récentes, qu'en refroidissant à 5 ou 6 degrés au-dessous de zéro, le mélange des acides, dans lequel on plonge le fulmi-coton pour le préparer, on retarde, on modère l'intensité de la réaction chimique, et l'on obtient un produit dénué de propriétés brisantes.

Que les hommes du métier, que les savants continuent donc l'étude

Louis Figuier

de ce problème, et sans doute quelque solution heureuse viendra couronner et récompenser leurs efforts. Il ne faut pas l'oublier, en effet, la découverte du coton-poudre ne date que de 1846. Qu'est-ce qu'un tel intervalle pour le perfectionnement des inventions humaines ? N'a-t-il pas fallu quatre siècles pour faire de la poudre actuelle l'agent puissant et sûr que nous connaissons ? D'ailleurs, de nos jours, après tant de travaux, d'expériences, d'innombrables essais, malgré les précautions inouïes dont on s'environne, peut-on dire avec certitude que notre poudre à canon présente dans ses effets une sécurité absolue ? L'existence d'une poudrière aux abords de nos villes, n'est-elle pas, pour les populations, la cause d'invincibles terreurs, la source de perpétuelles alarmes ? Des événements formidables ne viennent-ils pas, par intervalles, justifier et redoubler ces craintes ? Quand la poudre manque de densité ou que son grain est trop fin, elle fait éclater les armes, et le même effet se produit si l'on outre-passe par mégarde les limites de la charge. En 1826, quand l'artillerie voulut substituer aux poudres triturées dans les mortiers, les poudres plus énergiques, préparées avec les meules, on faisait éclater les bouches à feu. Cette sécurité tant vantée de notre poudre à canon, a donc aussi ses limites ; et dans tous les cas, elle est de date fort récente. Il a fallu quatre siècles pour dompter la poudre à canon, et l'on s'étonne que l'on ne soit pas encore arrivé à maîtriser le coton poudre, qui jouit d'une puissance, triple ! Pour décider en dernier ressort ces questions capitales, invoquons des notions moins exclusives ; défions-nous des entraînements d'un enthousiasme irréfléchi, mais aussi tenons-nous en garde contre des préventions fondées sur la tyrannique puissance de la routine et des habitudes. Recherchons avec sincérité le secours et l'infaillible témoignage de la science, et sachons accepter sans arrière-pensée systématique, ce qui se présente à nous avec les dehors incontestables du progrès.

Un dernier trait pour terminer l'histoire du fulmi-coton.

Dans les premiers temps de sa découverte, la poudre-coton avait provoqué dans le public un extrême engouement ; à cette époque, elle était bonne à tout. Rappelons, en quelques mots, les diverses applications de ce nouvel agent, qui furent faites alors avec plus ou moins de succès.

Quelques mécaniciens voulurent tirer parti de la prompte

transformation du coton-poudre en fluide gazeux, pour soulever le piston des machines : les gaz produits par la combustion, auraient remplacé la vapeur, comme agent mécanique. Mais il n'était pas difficile de prévoir que la production du gaz, pendant l'inflammation du pyroxyle, est trop brusque pour être utilisée commodément et avec sécurité : l'explosion des machines mit fin aux expériences.

Les matières alimentaires renferment une assez forte proportion d'azote ; or, le pyroxyle est un corps azoté. Cette analogie parut suffisante à MM. Bernard et Barreswill pour rechercher si le coton-poudre ne pourrait pas être employé comme substance alimentaire. L'idée était étrange et assez mal venue de la part de physiologistes familiarisés avec les lois de la nutrition. Quoi qu'il en soit, l'Académie des sciences fut instruite par un mémoire *ad hoc*, qu'on avait réussi à nourrir des chiens avec le pyroxyle. Toutefois les auteurs de l'expérience ajoutaient ingénument, qu'ils avaient favorisé l'action nutritive du coton-poudre, par l'administration simultanée d'une certaine quantité de riz : les adjuvants sont de bonne guerre !

E. Pelouze a proposé d'appliquer le pyroxyle à la fabrication des amorces fulminantes ; la substitution de ce produit au fulminate de mercure, aurait eu pour résultat d'éviter les dangers épouvantables dont s'accompagne la fabrication des amorces par les procédés actuels. Le pyroxyle obtenu avec des tissus très-serrés de lin, de chanvre et de coton, détone aisément par le choc, et si l'on coupe de petites rondelles de ces tissus, et qu'on les place au fond de capsules de cuivre, on obtient des amorces dont la détonation est fort énergique. Cependant cette application du coton-poudre n'a pas donné de bons résultats aux praticiens qui l'ont essayée. Les effets des capsules pyroxyliques, sont irréguliers ; en outre, les armes sont attaquées, par suite de la formation d'un produit acide, l'acide azoteux, qui prend, dit-on, naissance quand le pyroxyle brûle à l'air libre. On a donc renoncé à cette application.

Le coton-poudre paraît devoir fournir des résultats plus avantageux à la pyrotechnie. Des papiers préparés comme le fulmi-coton, et trempés ensuite dans des dissolutions d'azotate de strontiane, de sulfate de cuivre ou d'azotate de baryte, produisent de très-beaux feux rouges, verts ou blancs. On a aussi fait des essais avec des pyroxyles obtenus à bas prix, au moyen de la paille, de la sciure de bois ou de matières végétales analogues. L'immersion de ces produits fulminants dans ces dissolutions salines, a l'avantage de retarder leur inflammation, de donner plus de durée à la combustion, et de favoriser, par conséquent, les divers effets que l'artificier cherche à produire.

Un étudiant en médecine des États-Unis a fait du coton-poudre une application assez inattendue ; il s'en est servi pour le pansement des plaies, et voici comment. Le coton-poudre est soluble dans un mélange d'éther sulfurique et d'alcool : cette dissolution porte le nom de *collodion* ; c'est la substance dont nous avons parlé tant de fois dans la photographie. Or, M. Maynard, de Boston, a trouvé que le collodion constitue une sorte de vernis doué d'une force extraordinaire d'adhésion. Appliqué sur la peau, ce vernis adhère avec beaucoup de force à sa surface, et résiste parfaitement à l'action de l'eau et des humeurs. Un morceau de toile de 4 centimètres de largeur, recouvert de *collodion*, et appliqué sur le creux de la main, supporte sans se décoller un poids de 15 kilogrammes : la toile se rompt plutôt que de se détacher.

Les chirurgiens américains se sont servis les premiers du *collodion* pour le pansement des plaies. On rapproche les lèvres de la plaie, et au moyen d'un pinceau, on les couvre d'une couche de collodion ; par suite de la dessiccation, la réunion des deux bords est parfaitement établie. La contraction que la matière éprouve en séchant, resserre les lèvres de la blessure plus fortement et d'une manière plus égale que ne pourrait le faire tout autre moyen contentif. La plaie est parfaitement préservée de l'air ; la transparence de l'enduit permet de voir à travers et de juger de l'état des parties sous-jacentes ; enfin son insolubilité dans l'eau donne au chirurgien la faculté de laver les parties sans rien détacher. L'usage du collodion s'est répandu ensuite en Angleterre et en France ; Malgaigne l'a, le premier, adopté parmi nous. On se sert, d'après son conseil, de bandelettes trempées dans le collodion, ce qui donne plus de solidité à l'appareil. Aujourd'hui l'emploi de la dissolution éthérée du fulmi-coton est devenu habituel dans nos hôpitaux.

Ainsi, comme la lance d'Achille, le fulmi-coton peut guérir les blessures qu'il a causées. Si donc il fallait un jour définitivement

CHAPITRE XI

renoncer à consacrer le coton-poudre à l'usage des armes à feu, sa découverte ne serait pas encore restée absolument stérile, puisqu'elle aurait au moins servi à étendre les ressources de l'art chirurgical. Destiné dans l'origine à devenir un instrument de destruction, ce singulier produit aurait plus pacifiquement terminé sa carrière, en prenant place parmi les salutaires moyens de la chirurgie moderne. Et trop heureuse l'humanité, si tant d'inventions meurtrières, créées pour semer autour de nous le deuil et les funérailles, se trouvaient, par quelque revirement subit, transformées un jour en autant de baumes bienfaisants, propres à panser nos blessures et à calmer nos douleurs !

CHAPITRE XII

LES NOUVELLES POUDRES DE GUERRE. — LES POUDRES BLANCHES, OU POUDRES ALLEMANDES, À BASE DE CHLORATE DE POTASSE. — LA POUDRE À CANON PRUSSIENNE, OU CELLULOSE NITRÉE, — LA POUDRE AU CARBAZOTATE DE POTASSE ; SON UTILITÉ. — COMPOSITION ET PRÉPARATION DE LA POUDRE AU CARBAZOTATE DE POTASSE SON EMPLOI POUR L'EXPLOSION DES TORPILLES SOUS-MARINES. — LA NITRO-GLYCÉRINE ; SES EFFETS EXPLOSIFS. — EMPLOI DE LA NITRO-GLYCÉRINE POUR LE SAUTAGE DES MINES. — LE FEU FÉNIAN.

Depuis la découverte du fulmi-coton, toute une révolution s'est accomplie dans l'artillerie en général, et en particulier dans l'armement de la marine. Des canons d'un calibre énorme, des projectiles d'une disposition toute nouvelle, le chargement s'opérant par la culasse, la rayure de l'âme des bouches à feu et des fusils, toutes ces transformations ont changé la face de la balistique moderne. La poudre à canon ordinaire, la poudre noire à base de salpêtre, avait été adoptée et calculée pour les bouches à feu et les armes portatives telles qu'on les construit depuis deux siècles. Elle ne pouvait se plier aux dispositions toutes nouvelles qui se sont introduites récemment dans le système général de nos armes à feu. Après avoir perfectionné les armes, il a donc fallu songer à perfectionner l'agent moteur destiné à agir sur le projectile.

Louis Figuier

Il serait peut-être exact de dire que chaque espèce de bouche à feu, telle qu'on la construit aujourd'hui, et chaque espèce d'arme portative, exigerait une poudre particulière, pour se plier à sa structure. Mais sans aller jusqu'à cette proposition extrême, on peut dire que dans l'état actuel des choses, il est devenu indispensable de posséder, pour les besoins nouveaux de l'artillerie, quatre poudres très-distinctes, que l'on peut classer ainsi : 1° une poudre à mousquet ; 2° une poudre à canon à explosion lente, pour les bouches à feu à âme longue, en usage dans l'artillerie de campagne ou de terre ; 3° une poudre à canon à explosion vive, pour les bouches à feu à âme courte, destinées à l'armement des vaisseaux de guerre ; 4° enfin une poudre brisante, pour enflammer les torpilles sous-marines et pour faire partir les fourneaux de mine.

On s'est flatté, pendant quelque temps, de parvenir à plier l'ancienne poudre à ces besoins divers ; on a cru pouvoir augmenter sa puissance, en modifiant les proportions relatives de nitre, de soufre et de charbon, qui sont ses éléments constitutifs. Mais ces variantes introduites dans la composition d'un mélange, qui depuis trois siècles a été tourné et retourné de cent façons, n'ont rien produit d'utile. En perfectionnant les moyens de trituration, en substituant les meules aux pilons, comme agent de trituration, et rendant ainsi plus intime le mélange du soufre, du nitre et du charbon, on est parvenu à augmenter d'un cinquième environ la vitesse initiale que la poudre de guerre imprime aux projectiles. Mais ce résultat était insuffisant. Il fallait donc sortir de la routine, et chercher dans le vaste domaine de la chimie, un corps en état de jouer le même rôle que la poudre noire, et qui offrît, avec plus de puissance, les mêmes garanties de conservation, de sécurité et de régularité dans ses effets. Nous allons passer en revue, pour terminer cette notice, les différentes substances qui ont été proposées et employées dans ces derniers temps, pour répondre aux conditions diverses que nous venons d'énumérer.

On peut diviser ainsi les nouvelles espèces de poudres qui ont été proposées depuis l'année 1850 jusqu'à ce moment : 1° les *poudres blanches*, à base de chlorate de potasse mélangé de différentes substances plus ou moins inflammables ; — 2° la *poudre prussienne*, composée de sciure de bois rendue fulminante par l'acide azotique et mélangée à divers produits chimiques plus ou moins explosifs ;

— 3° la poudre au carbazotate de potasse.

On peut ajouter à cette liste, mais dans une place à part, la *nitro-glycérine*, substance explosible et qui n'a été employée jusqu'ici que pour faire sauter les fourneaux de mine.

Poudres blanches allemandes. — On connaît, en Allemagne, sous le nom de *poudres blanches*, divers mélanges à base de chlorate de potasse, qui ont été essayés depuis l'année 1850 jusqu'à ce jour.

Le premier mélange qui fut proposé était formé de chlorate de potasse, de sucre et de prussiate de potasse (cyanoferrure jaune de potassium et de fer). On a essayé ensuite bien d'autres préparations, fondées sur le même principe, c'est-à-dire ayant pour but d'atténuer les propriétés brisantes du chlorate de potasse, et de le faire servir à la composition d'une poudre à effets réguliers. Enumérer ces différents mélanges, avec les noms de leurs inventeurs, serait une tâche impossible. Contentons-nous de citer : le *sel d'Augendre*, — la *poudre d'Ucathius*, qui ne sont que des espèces de *pyroxam*, c'est-à-dire de l'amidon rendu fulminant par l'acide azotique (voir page 284), — la *poudre blanche de Pohl*, composée de 50 parties de chlorate de potasse, 28 parties de sucre et 23 parties de prussiate de potasse.

Les plus sûres de ces préparations paraissent être celles que M. Hosley et le docteur Erhardt, revendiquent comme leur découverte particulière, et qui consistent en un mélange de chlorate de potasse et de matières très-hydrogénées, telles que certaines résines, le tannin et l'acide gallique. Il paraît que l'addition de ces matières organiques atténue l'action brisante du chlorate de potasse, et donne une poudre tout aussi puissante que la poudre actuelle, sans effet destructeur bien redoutable.

La *poudre blanche d'Allemagne* bien préparée est supérieure à la poudre noire, pour faire sauter les fourneaux de mine ; elle ne le cède sous ce rapport qu'au fulmi-coton. On pourrait s'en servir comme poudre de chasse, car les armes de luxe résistent très-bien, en raison de la ténacité du métal, à l'action des poudres brisantes, et nos poudres de chasse *surfine* et *extra-fine*, sont bien positivement des poudres brisantes, auxquelles résistent seulement les canons des fusils de luxe. Mais on ne saurait songer à faire usage dans les fusils de munition ou les bouches à feu, d'aucune espèce de poudre à base de chlorate de potasse, en raison de ces effets brisants et destructeurs.

En 1860, un fabricant allemand de produits chimiques, M. Hochstadter, proposa un mode d'emploi particulier du chlorate de potasse, pour l'usage des armes à feu. Sur du papier non collé, il étendait une couche d'une pâte formée de chlorate de potasse et de charbon en poudre, avec une petite quantité de sulfure d'antimoine et d'amidon ou de gomme. Ce papier ainsi préparé séché et mis en rouleaux, brûle à l'air avec beaucoup de violence. Introduit dans les armes à feu de petit calibre, il produit un effet équivalent à celui de notre poudre à mousquet. Cette matière n'est pas inflammable par la simple percussion. On ne pourrait cependant songer à la substituer à notre poudre de guerre, parce qu'il serait impossible de compter sur l'uniformité de puissance et sur l'homogénéité de composition de ces rouleaux de papier inflammable.

En 1865, M. Reichen et M. Melland ont préparé, en Angleterre, de semblables papiers fulminants, qui paraissent ne différer presque en rien des produits de M. Hochstadter.

On a appliqué à l'exploitation des mines, quelques préparations explosives, plus grossières que les précédentes, et qui consistent en un mélange de chlorate de potasse et de soufre avec du tan (écorce de chêne ayant servi aux tanneurs). On trempe des morceaux de tan dans une dissolution chaude de chlorate de potasse ; puis on les recouvre d'une couche de soufre en poudre. Les copeaux ainsi préparés ne brûlent à l'air que lentement, ou mal ; mais quand on les renferme dans un trou de mine, ils développent, en brûlant dans ce petit espace, une force suffisante pour faire sauter les roches.

On invoque, en faveur de cette préparation à l'usage des mineurs, son bon marché et surtout la sécurité de son emploi. Cette dernière qualité a été mise en évidence par un fait éloquent. L'usine dans laquelle le produit se fabrique, près de Plymouth, a été incendiée deux fois, et la matière a brûlé sans faire plus d'explosion que les bois ou autres matériaux combustibles de l'édifice.

Poudre prussienne. — Nous passerons rapidement sur la *poudre prussienne*. Dans un mémoire, qui a été traduit en français, l'inventeur, M. Edouard Schultze, ancien capitaine d'artillerie au service de la Prusse, fait un pompeux éloge de son produit, et assure qu'il présente de grands avantages sur la poudre noire[47]. Seulement il néglige de nous dévoiler la composition de cette nouvelle poudre, ce qui enlève à ses dires toute valeur et tout intérêt. Moins discret que l'inventeur, nous ferons connaître ici la véritable nature de la poudre de M. Schultze.

C'est de la sciure de bois rendue fulminante par son immersion dans un mélange d'acides sulfurique et azotique ; c'est du *fulmi-bois*, ou pour employer un terme chimique, de la *fulmi-cellulose*, préparée comme le *fulmi-coton*. Voici la manière d'opérer.

On prend de la sciure de bois de sapin ou de chêne, et on la débarrasse des substances résineuses et autres, étrangères à la cellulose, par les moyens que l'on trouve décrits dans les traités de chimie, et qui consistent à traiter alternativement cette sciure de bois par l'eau de chlore et les alcalis caustiques, puis par des acides affaiblis. Quand elle a été traitée par ces divers agents chimiques, la sciure de bois, lavée à grande eau, constitue de la cellulose presque chimiquement pure. Avec cette cellulose, M. Schultze prépare une cellulose fulminante, en l'immergeant dans le mélange d'acides sulfurique et azotique, comme s'il s'agissait de préparer du *fulmi-coton*.

Pour augmenter sa propriété explosive, on imprègne le *fulmi-bois* d'une certaine quantité de salpêtre ou d'azotate de baryte. Cette addition ne se fait, toutefois, qu'au moment de faire usage de la poudre. Jusque-là l'inventeur conseille de conserver dans les magasins le *fulmi-bois*, qui est inaltérable, et n'est pas sujet comme le *fulmi-coton* à des explosions instantanées Telle est la*poudre Schultze*.

Cette poudre, n'étant autre chose au fond qu'une variété de *fulmi-coton*, présente tous les inconvénients du *fulmi-coton*, avec quelques-uns de ses avantages. On peut la conserver sous une forme légèrement explosive, par conséquent peu dangereuse, jusqu'au moment de l'employer. Ce n'est que lorsqu'on veut s'en servir qu'on fait l'addition du salpêtre ou de l'azotate de baryte, qui augmentent notablement ses propriétés explosives. Cette circonstance peut avoir son utilité. Seulement on se demande si les événements de la guerre permettraient ce fractionnement en deux temps de l'opération, et dans quels lieux on pourrait, en campagne,

Louis Figuier

improviser et établir des poudreries.

De même que le *fulmi-coton*, la poudre Schultze est supérieure, par ses effets destructeurs, à notre poudre ordinaire de mine, et les mineurs peuvent se remettre plus promptement à l'ouvrage, parce que son explosion ne produit presque aucune fumée. Mais la variabilité de sa composition et ses effets brisants interdisent l'usage de cette poudre sinon dans les armes de luxe, au moins dans les fusils de munition. C'est là, en résumé, une invention d'une bien médiocre importance.

Poudre au carbazotate de potasse. — Un produit autrement sérieux, et qui paraît appelé à un véritable avenir, en raison des degrés divers de puissance balistique qu'on peut lui donner à volonté, c'est la poudre à base d'acide picrique ou carbazotique.

Il n'a encore été rien publié dans aucun ouvrage, sur la poudre au carbazotate de potasse ; c'est ce qui nous engage à traiter ici cette question avec quelque étendue.

L'acide picrique est un des produits de l'action de l'acide azotique sur l'indigo. Comme cette substance affecte une belle couleur jaune, qui s'applique très-bien sur les étoffes, on prépara longtemps l'acide picrique dans les fabriques d'Alsace, pour le faire servir à la teinture. Mais obtenu avec l'indigo, ce produit était cher et d'un emploi limité. Dans ces derniers temps, on est parvenu à le préparer très-facilement en oxydant par l'acide azotique, d'abord l'huile brute de houille, ensuite l'acide phénique, matière aujourd'hui à très-bas prix dans le commerce.

L'acide picrique fut découvert en 1788, par un chimiste manufacturier de Colmar, Jean-Michel Haussman, en traitant l'indigo par l'acide azotique. C'est ce qui lui fit donner à cette époque le nom d'*amer d'indigo*.

Quelques années plus tard, l'an III de la République (1795), le chimiste Welter obtint le même produit en traitant la soie par l'acide azotique. L'*amer d'indigo* prit alors le nom d'*amer de Welter*. Ce fut Welter qui constata le premier les propriétés explosives de cette substance. On lit, en effet, le passage suivant dans le mémoire de Welter.

« .... Le lendemain, je trouvai la capsule tapissée de cristaux dorés, qui avaient la finesse de la soie, qui détonaient comme la poudre à canon, et qui, à mon avis, en auraient produit l'effet dans une arme à feu. La fumée qui résulta de cette détonation ressemblait à celle d'une résine brûlée[48]. »

Étudié successivement par Proust, Fourcroy et Vauquelin, l'*amer d'indigo*, ou *de Welter*, fut l'objet d'un mémoire de M. Chevreul, lu à l'Institut le 17 avril 1809, et publié, pendant la même année, dans les *Annales de chimie*. M. Chevreul exposait, dans ce mémoire, une théorie chimico-physique de la détonation de ce composé.

Malgré ces travaux, la composition de l'*amer d'indigo* était toujours demeurée inconnue. Ce n'est qu'en mars 1828 que M. Liebig publia dans les *Annales de physique et de chimie*, un mémoire sur la composition de l'acide carbazotique. Tel est, en effet, le nom que M. Liebig substitua à ceux d'*acide amer*, d'*amer d'indigo* et d'*amer de Welter* que ce produit avait portés jusque-là.

C'est M. Dumas qui, le premier, donna la formule chimique de ce corps, auquel il conserva le nom d'*acide carbazotique* (c'est-à-dire composé de carbone et d'azote), de préférence à celui de nitro-picrique (de πικρός, amer) proposé par Berzelius[49].

C'est à l'éminent chimiste Laurent qu'il était réservé de trouver la véritable formule rationnelle de l'acide carbazotique. Laurent démontra que l'acide carbazotique dérive de l'acide pbénique, et que l'on peut le considérer comme de l'acide phénique, dans lequel trois équivalents d'hydrogène sont remplacés par trois équivalents d'acide hypoazotique. De là les noms d'*acide trinitro-phénique* ou *nitro-phénisique* proposés par Laurent pour le composé qui nous occupe.

Dans ces derniers temps, c'est-à-dire vers 1865, MM. Désignolle et Castelhaz sont parvenus à préparer industriellement l'acide carbazotique par la méthode signalée par Laurent, et qui consiste à traiter l'acide phénique par l'acide azotique. L'acide phénique étant à très-bas prix dans le commerce, il en est résulté que l'acide carbazotique, qui valait 30 francs le kilogramme en 1862, quand on le préparait en traitant par l'acide azotique l'huile brute de houille, ne vaut aujourd'hui que 10 francs le kilogramme.

L'acide carbazotique est d'un beau jaune-citron. Il cristallise en lamelles très-allongées et très-brillantes. Il est peu soluble dans l'eau, sa saveur légèrement acide est franchement amère. À

Louis Figuier

150 degrés il entre en fusion, puis se sublime sans être altéré. Se combinant à peu près avec toutes les bases, il donne naissance à des sels jaunes et cristallisés pour la plupart. Son pouvoir colorant est considérable : 1 gramme de cette substance suffit pour teindre en jaune-paille 1 kilogramme de soie. Le carbazotate de potasse, d'une belle couleur jaune d'or, cristallise en petites aiguilles prismatiques, qui appartiennent au système rhomboïdal, et possèdent un reflet métallique. Insoluble dans l'alcool, il exige pour se dissoudre, 160 parties d'eau à 15°, et 14 parties d'eau bouillante ; il est donc à peu près insoluble dans l'eau.

Chauffé avec précaution, il devient rouge orangé à une température voisine de 300 degrés, puis reprend, par le refroidissement, sa couleur primitive. Il détone fortement entre 310 et 320 degrés. Il s'enflamme aussi, avec détonation, par l'approche d'un corps en ignition.

L'idée de consacrer le carbazotate de potasse à la composition d'une poudre de guerre appartient à Welter, qui, comme nous l'avons dit plus haut, consigna cette idée dans son mémoire publié en 1796.

Le caractère éminemment explosif du carbazotate de potasse était donc bien établi, et il semble étonnant que l'on n'ait réussi que de nos jours à faire servir ce composé à la préparation d'une poudre de guerre. Mais quand on approfondit la question, on ne tarde pas à reconnaître qu'il y avait de nombreuses difficultés à résoudre avant d'arriver à une application pratique. Il fallait, en effet : 1° étudier les phénomènes qui accompagnent la déflagration des carbazotates, tant à l'air libre que dans un espace limité ; 2° connaître et doser les divers produits résultant de ces déflagrations, établir des formules chimiques de la décomposition spontanée du carbazotate de potasse ; 3° déterminer quels étaient les corps à associer au carbazotate de potasse pour composer des poudres donnant le maximum d'effet utile ; 4° arriver à une fabrication pratique de ces poudres, avec les appareils en usage aujourd'hui pour la poudre noire ; 5° trouver enfin le moyen de modifier, de régler, et même d'atténuer complètement le pouvoir essentiellement brisant des carbazotates de potasse.

Un jeune chimiste, M. Désignolle, d'Auxerre, après de

nombreuses et persévérantes recherches, est parvenu à surmonter successivement toutes ces difficultés. Voici les principaux résultats de ses expériences.

Le carbazotate de potasse, porté graduellement à une température de 300 degrés, peut subir l'action de cette température pendant plus de 48 heures sans déflagrer, sans que sa composition soit altérée, en un mot sans que ses propriétés physiques et chimiques soient modifiées. Il passe au rouge orangé vers 290 degrés, mais il reprend par le refroidissement sa belle couleur jaune. Il est insoluble, dans l'alcool, et à peu près insoluble dans l'eau. Il ne détone pas sous l'action d'un choc même très-violent.

Ainsi que l'a annoncé Welter, le carbazotate de potasse détone comme la poudre à canon, au contact d'un corps en ignition, en laissant un fort dépôt de charbon ; mais il résulte des recherches analytiques de M. Désignolle, qu'il y a deux cas parfaitement distincts à considérer dans la déflagration du carbazotate de potasse.

1° À l'air libre, sa combustion est toujours accompagnée de gaz azote et de bioxyde d'azote, de vapeurs d'eau et d'acide cyanhydrique ; il reste comme résidu du charbon et du carbonate de potasse. C'est ce que représente cette équation chimique :

$$\underbrace{C^{12}H^2K(AzO^4)^3O^2}_{\text{Acide carbazotique.}} \quad = \quad Az+AzO^2+4CO^2+H,C^2Az+HO$$
$$+KO,CO^2+5C.$$

Ce qui veut dire que 1 équivalent chimique d'acide carbazotique produit, en brûlant, 1 équivalent d'azote, 1 équivalent de bioxyde d'azote, 4 équivalents d'acide carbonique, 1 équivalent d'eau et d'acide cyanhydrique, qui se dégagent. Le résidu solide est formé de 1 équivalent de carbonate de potasse et de 5 équivalents de charbon.

2° En vase clos, c'est-à-dire dans un espace limité, tel que l'âme d'une bouche à feu, par exemple, les produits résultant de la combustion, changent tout à fait de nature. À l'exception de l'acide carbonique, les gaz permanents subsistent seuls. On constate bien la présence de l'azote, de l'hydrogène, d'une petite quantité d'oxygène et d'acide carbonique ; mais le bioxyde d'azote, l'acide cyanhydrique et la vapeur d'eau, ne se forment pas. Ce phénomène est facile à expliquer : en effet, si nous admettons avec M. Henri Sainte-Claire Deville que l'eau n'existe plus de 1 000 à 1 100 degrés, elle existera bien moins encore à la température produite par la combustion de la poudre, température évaluée par M. le général Piobert à 2 400 degrés environ. Ce que nous acceptons pour l'eau, s'applique à plus forte raison au bioxyde d'azote et à l'acide cyanhydrique. Ces corps sont décomposés et réduits en leurs éléments gazeux, l'azote et l'oxygène.

Il va sans dire que, dans l'un et dans l'autre cas, on a toujours, comme résidu solide de la combustion, un mélange de charbon et de carbonate de potasse. C'est ce que montre cette équation chimique :

$$\underbrace{C^{12}H^2K(AzO^4)^3O^2}_{\text{Acide carbazotique.}} = 3Az+5CO^2+2H+O+KO,CO^2$$
$$+6C.$$

Ce qui veut dire qu'il se forme, pour un équivalent d'acide carbazotique, 3 équivalents d'azote, 5 équivalents d'acide carbonique, 2 d'hydrogène et 1 d'oxygène provenant de la dissociation, par la chaleur, des éléments de l'eau. Le résidu solide est formé de 1 équivalent de carbonate de potasse et de 6 équivalents de charbon mêlés.

Cette dernière formule chimique a servi de base à la préparation des différentes poudres composées par M. Désignolle.

Associé au salpêtre, le carbazotate de potasse constitue une poudre dont la puissance a été évaluée à 10 fois environ celle de la poudre noire. Associé au charbon, il donne une poudre d'une puissance considérable.

Cette poudre, il est vrai, possède des propriétés éminemment brisantes, mais on peut la modifier, atténuer son pouvoir brisant, et même le supprimer complètement, par l'addition de quantités déterminées de charbon.

C'est ainsi que M. Désignolle a pu composer, pour les énormes bouches à feu qui arment aujourd'hui nos navires cuirassés, des poudres à canon moins brisantes que la poudre noire, et qui impriment aux projectiles des vitesses bien supérieures.

Nous n'avons pas reçu de l'inventeur communication de la composition exacte des diverses variétés de poudre qu'il fabrique. Nous connaissons seulement les quantités de carbazotate de potasse qu'il emploie pour obtenir, dans les différents cas, le maximum d'effet utile.

1° Pour les poudres brisantes, ce maximum est atteint par un mélange à parties égales de salpêtre et de carbazotate de potasse.

2° Pour les poudres à mousquet, les proportions de carbazotate de potasse peuvent varier de 12 à 20 pour 100, suivant la vitesse initiale qu'on veut obtenir. Cette poudre renferme aussi une certaine quantité de charbon.

3° Pour les poudres à canon, les proportions de carbazotate de potasse sont de 8 à 12 pour 100, avec une certaine quantité de charbon.

On voit que les poudres à canon et à mousquet préparées par M. Désignolle ne sont autre chose que l'ancienne poudre à canon et à mousquet dans laquelle le soufre est remplacé par le carbazotate de potasse.

Selon M. Désignolle, les poudres au carbazotate de potasse présentent, sur l'ancienne poudre, les avantages suivants :

1° La base restant la même, on peut composer des poudres dont on peut faire varier la puissance explosive, dans les limites de 1 à 10 (1 représentant la puissance de la poudre noire).

2° On peut augmenter la vitesse initiale imprimée aux projectiles, sans augmenter le pouvoir brisant de la poudre.

3° Comme le soufre n'entre pas dans la composition de cette poudre, on n'a plus à craindre les vapeurs d'hydrogène sulfuré et le sulfure de potassium solide, qui accompagnent la combustion de la poudre noire.

4° L'encrassement des armes et la fumée sont presque entièrement supprimés. En effet, le produit solide, résultant de la combustion des poudres à base de carbazotate de potasse, est alcalin : il consiste en carbonate de potasse, qui est sans action sur les métaux. Quant à la fumée, elle se réduit à un léger nuage de vapeur d'eau, qui se

Louis Figuier

dissipe presque aussitôt après l'explosion.

M. Désignolle fabrique aujourd'hui, à la poudrerie impériale du Bouchet, des quantités considérables de ses nouveaux produits, en se servant des appareils ordinaires. Voici le mode de préparation suivi au Bouchet.

Les matières pesées sont triturées à la main, avec une proportion d'eau variant de 6 à 14 pour 100, suivant la nature du mélange ; puis, portées dans les moulins à pilons, où elles subissent un battage de 3 à 6 heures.

La poudre brisante, qui se compose seulement de carbazotate de potasse et de salpêtre, est battue pendant 3 heures ; tandis que les poudres à mousquet et à canon, qui sont composées de carbazotate de potasse, de salpêtre et de charbon, sont pilées durant 6 heures.

La trituration terminée, les poudres subissent un *essorage* (dessiccation) de quelques jours. Ensuite, elles sont mises en galettes, au moyen de presses hydrauliques. La pression qu'on fait subir aux galettes, varie de 30 000 à 120 000 kilogrammes, selon qu'on désire des poudres à combustion vive ou à combustion lente.

À leur sortie de la presse hydraulique, les galettes sont concassées et portées dans un *grenoir* mécanique, où elles sont mises en grains, dont la grosseur varie suivant l'intensité des effets qu'on veut obtenir.

Les poudres étant grenées, on procède au *lissage*, au *séchage* et à l'*époussetage*, par les procédés ordinaires.

En résumé, M. Désignolle fabrique une poudre susceptible d'être employée comme poudre à mousquet et à canon, et une véritable poudre brisante, qui a été adoptée par le ministère de la marine pour la confection de ces redoutables torpilles sous-marines, qui sont mises en expérience depuis plusieurs années dans nos ports.

Sans entrer, au sujet de ces terribles machines sous-marines, dans des détails qui ne seraient pas ici à leur place, nous nous bornerons à dire que, depuis l'année 1865, M. le vice-amiral de Chabannes a fait, dans le port de Brest, et ensuite dans celui de Toulon, des expériences sur les effets destructeurs des machines destinées à faire sauter les navires ennemis. Ces machines infernales avaient été employées en Europe et en Amérique, par Fulton, comme nous l'avons dit dans le premier volume de cet ouvrage ; mais, de nos jours, elles ont été singulièrement perfectionnées par l'emploi des fils conducteurs électriques, qui permettent de communiquer instantanément le feu aux réservoirs de poudre, moyen inappréciable dans le cas dont il s'agit, et dont l'ingénieur américain n'avait pu se servir, puisque la pile voltaïque venait à peine alors d'être découverte. Les torpilles sous-marines sont, depuis plus de deux ans, expérimentées avec plus ou moins de mystère par toutes les nations militaires de l'Europe, principalement par la Russie, l'Autriche, l'Angleterre et la France.

Dans une enveloppe métallique, on enferme une certaine quantité de poudre au carbazotate de potasse ; puis, à l'aide d'un fil métallique conducteur et d'une pile de Volta établie sur le rivage ou à bord d'un bâtiment, on provoque, à un moment donné, l'explosion de la poudre, dont les effets destructeurs sont véritablement effroyables.

On a vu, en 1866, dans le port de Brest, une vieille frégate mise en pièces par l'explosion d'une torpille sous-marine.

Le 20 avril 1868, le *Louis XIV*, vaisseau-école de canonniers, procédait à l'expérience de l'engin redoutable que la science entend diriger contre les vaisseaux ennemis, pour triompher, peut-être, de leur formidable artillerie, de leur cuirasse métallique et de leur éperon.

Fig. 170. — Expérience faite avec une torpille sous-marine dans la rade d'Hyères, le 20 avril 1868.

Louis Figuier

La figure 170 représente le résultat de cette expérience, faite avec une torpille chargés de 500 kilogrammes de poudre. La torpille était plongée à 7 mètres de profondeur dans la mer, et à 60 mètres environ du rocher de la pointe Léaube, dans la rade des îles d'Hyères. La pile voltaïque destinée à envoyer, grâce au fil conducteur, l'étincelle au milieu de la masse de poudre, était installée sur ce rocher. Au signal, donné par un pavillon à bord du *Louis XIV*, le feu fut mis instantanément à la torpille, par le courant électrique. Aussitôt, la mer fut soulevée sous forme d'une calotte sphérique, dont la hauteur pouvait être de 1 à 2 mètres et le périmètre de 25 à 30 ; un cône d'eau, de 50 mètres de hauteur, | s'élança en l'air, entraînant avec lui le sable et la vase du fond, accompagné de nombreuses gerbes d'eau partant de la base du cône et atteignant à peu près la même hauteur.

Les personnes qui se trouvaient sur les rochers éprouvèrent deux violentes secousses, l'une au moment où la première onde s'était produite au-dessus de la torpille, la seconde au moment où les gaz s'élançaient dans l'air, entraînant à leur suite l'immense cône d'eau. À bord du *Louis XIV*, les mêmes secousses furent ressenties, malgré la distance de 900 mètres qui le séparait de la torpille.

On ne peut pas mettre en doute qu'un navire, quelque fort qu'il fût, n'eût été mis en pièces par l'effet de cette terrible commotion et du choc énorme de la masse d'eau projetée, s'il se fût trouvé au-dessus de la torpille ou dans son voisinage.

Nitroglycérine. — Pendant que M. le vice-amiral de Chabannes poursuivait ses expériences pour faire sauter les navires ennemis, un ingénieur suédois, M. A. Nobel, appliquait au sautage des mines les propriétés déflagrantes de la *nitroglycérine* ou *glycérine nitrée*, liquide formé d'un équivalent de glycérine et de trois équivalents d'acide nitrique.

Cette substance, qui ne s'enflamme ni à 100 degrés, ni au contact de l'étincelle électrique (il faut l'allumer par une mèche), possède une force explosive considérable. Elle permet, en effet, de loger dans un trou de mine de petite dimension une force balistique *dix fois* plus grande qu'en se servant de la poudre. On conçoit qu'il doive en résulter une grande économie de main-d'œuvre, dont on peut d'ailleurs se faire une idée en considérant que le travail du mineur représente, suivant la dureté du roc, de cinq à vingt fois la valeur de la poudre employée ; l'économie dans les frais de *sautage*, selon le terme consacré, s'élève donc facilement à 50 pour 100.

Voici quelques-uns des résultats des expériences qui ont été faites à la mine d'Altenberg, le 7 juin 1865, en présence de MM. de Decken et Noeggerath et d'un grand nombre d'ingénieurs allemands et belges. Les trous ont été forés dans une dolomie dure et saine, mais traversée de nombreuses fissures. Un trou de 34 millimètres de diamètre et de 2 mètres de profondeur fut chargé de 1^{lit},5 de nitroglycérine, correspondant à 1^m,50 du trou ; puis on mit en place le bouchon et la fusée, on remplit la mine de sable, et on alluma la mèche. La masse rocheuse ne fut pas emportée, mais seulement fissurée ; néanmoins l'effet fut énorme ; on observa des fentes de 6 et de 15 mètres de longueur, et la roche se montra broyée encore au-dessous du fond de la mine.

Dans une autre expérience, un trou de mine semblable au premier fut foré dans un endroit plus dégagé, et rempli de 0^{lit},75 de nitro-glycérine. Le feu étant mis à la mèche, il y eut une explosion formidable, accompagnée d'un bruit sourd : la roche était comme pulvérisée, un quart de la masse avait été emporté. On put enlever un volume total de 100 mètres cubes de pierres, qu'on aurait payés aux ouvriers à raison de 1 fr. 50 c. le mètre cube. Or, les frais de l'expérience n'étant que de 94 francs, l'économie était, dans ce cas, de 56 francs. Si l'on avait employé de la poudre, les frais auraient été d'environ 125 francs pour obtenir le même résultat.

Une autre expérience fut faite avec un bloc de fonte de 1 mètre de longueur, 0^m,58 de largeur et 0^m,27 d'épaisseur, pesant 1 000 kilogrammes, dans lequel on avait percé un trou de 20 centimètres de profondeur et de 15 millimètres de diamètre. Ce trou fut rempli de nitro-glycérine sur une hauteur de 11 centimètres et fermé par un bouchon en fer taraudé, renfermant dans son axe une canule, qui servit à recevoir d'un côté la poudre, de l'autre la fusée. L'effet fut complet ; le bloc éclata en quatre grands et en dix ou douze petits morceaux, et le chariot sur lequel il reposait fut brisé.

Ces expériences ne laissent pas de doute sur l'efficacité de la nitro-glycérine comme agent de *sautage*, et l'on doit remercier M. Nobel d'en avoir vulgarisé l'emploi.

Louis Figuier

Fig. 171. — Emploi de la nitro-glycérine pour l'exploitation des carrières et des mines.

Nous disons vulgarisé, car M. Nobel n'a pas été le premier à signaler les propriétés déflagrantes encore peu connues, de ce liquide. En 1847 un jeune chimiste italien attaché au laboratoire de M. Pelouze, M. Ascanio Sobrero, en traitant la glycérine par un mélange d'acide nitrique et d'acide sulfurique, comme s'il s'agissait de préparer du fulmi-coton, avait obtenu une combinaison nitrée de glycérine, ayant l'aspect de l'huile d'olive, jaune, plus pesante que l'eau, insoluble dans l'eau, soluble dans l'alcool et l'éther, et qui offrait toutes les propriétés détonantes du fulmi-coton. La découverte de M. Sobrero était cependant restée sans application.

C'est à M. Nobel, l'ingénieur suédois, que l'on doit, comme il vient d'être dit, les applications pratiques de ce liquide détonant à l'inflammation des fourneaux de mine.

Quelques détails sur la préparation de la *nitro-glycérine* et sur son mode d'emploi, ne seront pas de trop ici.

La *nitro-glycérine* se prépare en versant, par petites quantités

168

successives, de la glycérine (produit secondaire de la fabrication des savons, autrefois connu sous le nom de *principe doux des huiles*, et qui a reçu différentes applications dans la médecine et dans les arts), dans un mélange d'un volume d'acide azotique, d'une densité de 1,43 et de deux volumes d'acide sulfurique, d'une densité de 1,83. Il faut maintenir le vase dans lequel on opère le mélange au milieu d'un bain de glace, afin de modérer l'intensité de la réaction. Si l'on verse dans l'eau le produit de cette réaction, on voit se précipiter un liquide huileux, sans odeur et insoluble dans l'eau : c'est la nitro-glycérine.

La nitro-glycérine, dont la densité est de 1,06, est solide à la température de 15 degrés centigrades. Enflammée à l'air, elle brûle simplement et sans faire beaucoup d'explosion ; mais si on l'enferme dans une enveloppe quelconque, et qu'on l'enflamme, elle produit une détonation violente.

C'est en 1854 que M. Nobel essaya, pour la première fois, la nitro-glycérine, comme agent d'explosion. Il était difficile d'employer un liquide dans les travaux des mines. M. Nobel construisit donc une fusée spéciale pour cette application. On place dans un tube métallique la charge de *nitro-glycérine*, et l'on fixe immédiatement au-dessus du liquide, une fusée, à l'extrémité de laquelle est attachée une petite charge de poudre à canon. Quand on enflamme cette fusée, la poudre placée à son extrémité inférieure fait explosion, et provoque celle de la nitro-glycérine.

La figure 172 représente les instruments à l'aide desquels on creuse dans la roche les trous pour l'exploitation des carrières ou des mines. Les outils A et B sont les *fleurets*, en acier trempé, qui servent à creuser dans la roche des trous verticaux ou obliques ; le premier est dit en *fer de lance*, le second en *langue de chat*. Le troisième outil, C, est une *curette* destinée à agrandir les trous faits par le fleuret.

La figure 173 fait voir la cartouche, DE, destinée à contenir la nitro-glycérine. D est le tube métallique qui reçoit la cartouche pleine de nitro-glycérine. Une fusée chargée de poudre ordinaire, est placée par-dessus laglycérine, au point E, et doit communiquer le feu au liquide explosif. Une mèche à poudre, EF, est en rapport avec cette fusée et servira au mineur à mettre le feu à la fusée, et

Louis Figuier

par conséquent à la nitro-glycérine.

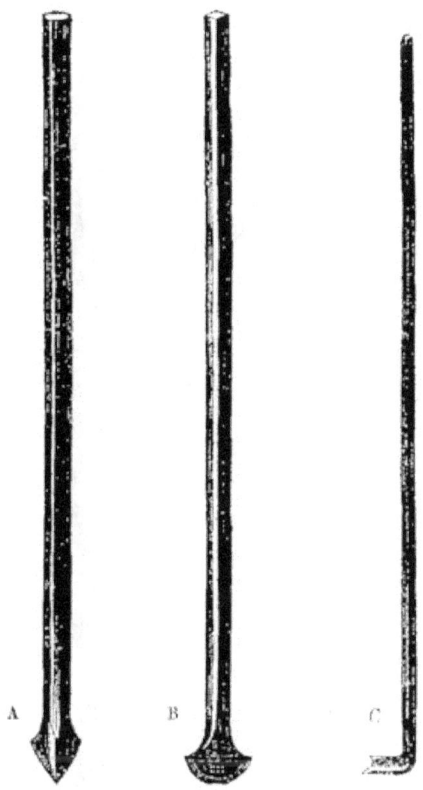

Fig. 172. — Outils des mineurs pour la perforation des roches.

A.	Fleuret en fer de lance.
B.	Fleuret en langue de chat.
C.	Curette.

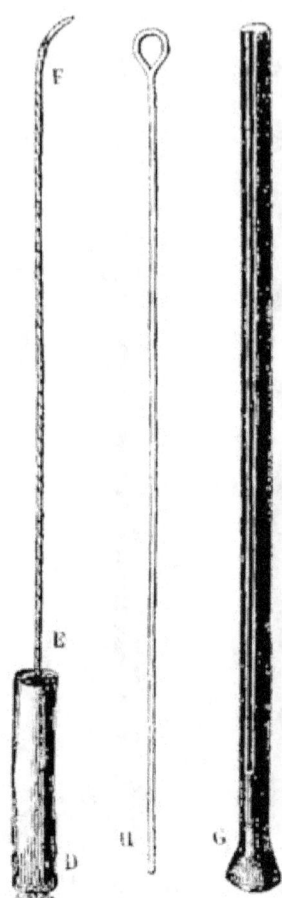

Fig. 173. — Instruments pour placer la cartouche.

DEF.	Cartouche munie de la mèche.
H.	Épinglette.
G.	Bourroir.

Le *bourroir*, G, sert à pousser la cartouche de poudre, quand on fait usage de poudre ordinaire, et l'épinglette H permet de s'assurer si la cartouche occupe bien la position prescrite.

On estime que l'action destructive de la *nitro-glycérine* est environ dix fois celle d'un poids égal de poudre de mine. Le prix de la fabrication de cette substance explosive est environ sept fois

Louis Figuier

celui de la poudre de mine, ce qui montre qu'il y aurait quelque économie à substituer la nitro-glycérine à la poudre ordinaire des mineurs.

Toutefois le maniement de la nitro-glycérine s'accompagne de tels dangers, qu'il paraît presque impossible de consacrer cette substance, d'une façon régulière, au travail des mines. Elle fait quelquefois explosion sans cause connue, ou du moins sans cause que puisse prévoir la prudence humaine. Des navires contenant une faible provision de nitro-glycérine, des magasins où se trouvaient renfermés quelques échantillons de cette substance, ont été le théâtre de véritables désastres, causés par son explosion. Les journaux ont annoncé qu'une fabrique de nitro-glycérine a sauté à Stockholm, le 13 juin 1868, occasionnant la mort de quinze personnes, et ravageant tous les environs de la manufacture.

On ne connaîtra probablement jamais les causes précises des terribles explosions de nitro-glycérine qui ont eu lieu à San-Francisco (Californie), en 1867, et à Newcastle (Angleterre) en 1868 ; mais leur cause indirecte, tout au moins, semble avoir été la décomposition spontanée de cette substance, décomposition qui avait été produite ou accélérée par la température élevée des parties du bâtiment dans lesquelles elle était conservée. Dans d'autres cas, la rupture violente de vases contenant la nitro-glycérine a été occasionnée par l'accumulation des gaz engendrés par sa décomposition graduelle. Sans parler de son caractère vénéneux, l'extrême tendance de la nitro-glycérine à faire explosion, s'opposera probablement à son emploi, sur une grande échelle, pour remplacer la poudre de mine.

Pour terminer cette notice, nous dirons un mot d'un agent d'incendie qui a répandu récemment beaucoup d'inquiétudes en Angleterre.

On a donné, chez nos voisins, le nom de *feu fénian* à une dissolution de phosphore dans le sulfure de carbone, parce qu'on a saisi à Liverpool, en 1867, une assez grande quantité de ce liquide, qu'on croit avoir été préparé par les Fénians, dans une intention de guerre. Ce mélange est excessivement inflammable, les deux corps qui le composent étant eux-mêmes essentiellement combustibles. Le sulfure de carbone répand, même à la température ordinaire,

CHAPITRE XII

de nombreuses vapeurs, qui, mélangées à l'air, s'enflamment avec explosion, au contact d'une bougie.

Cette inflammabilité s'accroît dans des proportions considérables par l'addition du phosphore, qui se dissout dans le sulfure de carbone.

On a voulu vérifier les propriétés de ce dangereux liquide. Dans ce but, on a lancé contre une haute muraille un flacon, qui contenait cette matière inflammable. Il s'est produit aussitôt une violente explosion, et un torrent de flammes s'est répandu sur le mur, avec accompagnement de fumées très-délétères, car le sulfure de carbone et la vapeur de phosphore sont de dangereux poisons. Versé sur du coton, des étoupes et autres matières semblables, ou répandu en petites quantités sur une grande surface, ce liquide s'est aussi enflammé instantanément au contact de l'air.

C'est là un terrible agent d'incendie ; mais on ne saurait évidemment en faire aucun usage comme succédané des poudres de guerre ou de mine.

NOTES

1.   Lebeau, Histoire du Bas-Empire, t. XIII, p. 106.

2.   Gibbon, t. X, p. 356, édit. 1828.

3.   Libri, Rapport au comité des travaux historiques et des sociétés savantes, au ministère de l'Instruction publique (5 déc. 1838).

4.   Études sur le passé et l'avenir de l'artillerie, ouvrage continué à l'aide des notes de l'empereur par Favé, colonel d'artillerie, l'un de ses aides de camp. T. III, Histoire des progrès de l'artillerie, Paris, 1862, chez Dumaine. (Les deux premiers volumes de ce grand ouvrage sont tout entiers de la main de l'Empereur des Français.)

5.   Mémoires concernant les arts et les sciences des Chinois, t. VIII, p. 331.

6.   Relations diplomatiques des princes chrétiens avec les rois de Perse (Mémoires de l'Académie des inscriptions, t. VII, p. 416).

7.   Recueil de mémoires sur les Chinois, t. II, p. 492.

8.   Cependant l'empereur se contredit plus loin, lorsque, dans un autre passage de son livre, il rapporte à Callinique l'invention du feu

Louis Figuier

grégeois. Il justifie ainsi le jugement de Lebeau, qui appelle ce prince « un grand conteur de fables. »

9.   Journal asiatique, 1849, n° 16.

10.   Navires de course.

11.   Institutions militaires de l'empereur Léon le Philosophe. Traduction de Joly de Mauzeroy, 1778, t. II, p. 137.

12.   Traduction de M. Hoefer (Histoire de la chimie, t. I, p. 285)

13.   Les feux volants dont parle Marcus étaient des espèces de fusées très-analogues aux nôtres. On n'en faisait point usage comme arme de guerre ; on s'en servait seulement dans les feux d'artifice. On verra plus loin cependant que c'est par l'observation de leurs effets que l'on a été conduit plus tard à imaginer les premières armes à feu destinées à lancer des projectiles.

14.   Du feu grégeois et des feux de guerre, p. 51.

15.   Du feu grégeois (Journal asiatique, 1849, n° 16).

16.   Gesta Dei per Francos, p. 178.

17.   Cité par M. Favé, p. 52.

18.   Cité par M. Taxé, Histoire des progrès de l'artillerie, t. III, p. 52, Études sur le passé et l'avenir de l'artillerie.

19.   Cité par M. Favé, Histoire des progrès de l'artillerie, t. III, p. 52, Études sur le passé et l'avenir de l'artillerie.

20.   Les chaz chateilz dont parle Joinville étaient probablement des tours de bois dans lesquelles se renfermaient durant la nuit les soldats qui devaient défendre les travaux commencés. Les Français travaillaient à se frayer un passage sur une des branches orientales du Nil. Ils avaient construit une digue pour traverser le fleuve ; à droite et à gauche de cette digue ils avaient placé ces chaz chateilz que les musulmans s'efforçaient d'incendier pendant la nuit pour empêcher le passage de l'armée ennemie.

21.   Joinville, Histoire du roy saint Loys, 1668, p. 39.

22.   Plusieurs autres historiens ont parlé avec détail de ces projectiles incendiaires dont les Arabes tirèrent un si grand parti dans toute la durée des croisades ; mais nous avons cru pouvoir nous en tenir aux récits de Joinville, dont la fidélité, comme chroniqueur, est si bien établie.

23.   Anne Comnène, Alexiade, liv. XIII, p. 283.

24.   Cinnamus, p. 129.

25.   « Nota quòd sal petrosum est minera terra, et reperitur in scopulis et lapidibus. Hæc terra dissolvitur in aquâ bulliente, postea depurata et distillata per filtrum, et permittatur per diem et noctem

integram decoqui, et invenies in fundo laminas salis coagulatas cristallinas. »

26.   « Nota quòd ignis volatilis in aere duplex est compositio.

« Quorum primus est :

« Recipe. partem unam colofoniæ, et tantum sulfuris vivi, partes vero duo salis petrosi ; et in eleo linoso vel lauri, quod est melius, dissolvantur bene pulverisata et oleo liquefacta. Postea in cannâ vel ligno excavo reponatur et accendatur. Evolat enim subito ad quemcumque locum volueris, etomnia incendio concremabit.

« Secundus modus ignis volatilis hoc modo conficitur :

« Recipe. Acc. libr. I sulfuris vivi ; libr. II carbonum tiliœ vel salicis ; vi libr. salis petrosi. Quæ tria subtilissime terantur in lapide marmoreo. Postea pulvis ad libitum in tunicâ reponatur volatili, vel tonitruum faciente.

« Nota, quòd tunica ad volandum débet esse gracilis et longa, et cum praedicto pulvere optimè conculcato repleta. Tunica vero tonitruum faciens debet esse brevis et grossa, et praedicto pulvere semiplena, et ab utrâque parte fortissimè fito ferreo bene ligata.

« Nota, quòd in quâlibet tunicâ parvum foramen faciendum est, ut tenta impositâ accendatur, quæ tenta in extremitatibus fit gracilis, in medio vero lata et praîdicto pulvere repleta.

« Nota, quòd ad volandum tunica plicaturas ad libitum habere potest : tonitruum vero faciens, quam plurimas plicaturas.

« Nota, quòd duplex poteris facere tonitruum atque duplex volatile instrumentum : videlicet tunicam includendo. »

27.   « Sed tamen salis petrae here vopo vir can utri et sulphuris ; et sic facies tonitruum, si scias artificium. Videas tamen utrum loquar in senigmate vel secundum veritatem. » (Epistolæ fratris Rogerii Baconis De secretis operibus artis et naturæ et de nullitate magiœ, caput VIII.) En faisant l'anagramme, on trouve carvonu pulveri trito, qui se rapproche de carbonis pulvere trito.

28.   « Præter verò hæc sunt alia stupenda naturæ. Nam soni velut tonitrus et coruscationes possunt fieri in aere ; imò majore borrore quàm illa quæ fiunt per naturam. Nam modica materia adaptata, scilicet ad quantitatem urtius pollicis sonum facit horribilem et coruscationem ostendit vehementem. Et hoc fit multis modis, quibus civitas, aut exercitus destruatur ad modum artificii Gedeonis, qui lagunculis fractis et lampadibus igne exsiliente cum fragore inæstimabili, infinitum Madianitarum destruxit exercitum cum ducentis hominibus. Mira sunt

Louis Figuier

hæc, si quis sciret uti ad plenum in debita quantitate et materiâ. » (Même ouvrage, chapitre VI.)

29.	« Quædam vero auditum perturbant in tantum, quod si subito et de nocte et artificio sufficienti fierent, nec posset civitas nec exercitus sustinere. Nullus tonitrui fragor posset talibus comparari. Quædam tantum terrorem visui incutiunt, quod coruscationes nubium longe minus et sine comparatione perturbent ; quibus operibus Gedeon in castris Madianitarum consimilia æstimatur fuisse operatus. Et experimentum hujus rei capimus ex hoc ludicro puerili, quod fit in multis mundi partibus, scilicet ut instrumento facto ad quantitatem pollicis humani, ex violentia illius salis qui sal petræ vocatur, tam horribilis sonus nascitur in ruptura tam modicee rei, scilicet modici pergameni, quod fortis tonitrui sentiatur excedere vagitum, et coruscationem maximam sui luminis jubar excedit. »

(Fratris Rogerii Opus Majus. Londres, 1733, p. 474.)

30.	« Accipe iibram unam sulphuris, libras duas carbonum salicis, libras sex salis petrosi ; quæ tria subtilissime terantur in lapide marmoreo. Postea aliquid posterius ad libitum in tunicâ de papyro volante vel tonitruutn faciente ponatur.

« Tunica ad volandum debet esse longa, gracilis, pulvere illo optimo plena ; ad faciendum vero tonitruum, brevis, grossa et semiplena. »

31.	Albert le Grand mourut en 1280, et Roger Bacon en 1294, autant qu'il est possible d'assigner une date fixe à la mort de cet illustre et malheureux savant. Voir dans notre ouvrage. Vies des savants illustres. Tome, Savants du moyen âge, in-8, Paris » 1867, les biographies de Roger Bacon et d'Albert le Grand.

32.	Reinaud et Favé, des Feux de guerre.

33.	Cité par M. Favé, Histoire des progrès de l'artillerie. Tome III, des Études sur le passé et l'avenir de l'artillerie, p. 67.

34.	Études sur le passé et l'avenir de l'artillerie. Tome III, pages 65-68.

35.	Vannoccio Biringuccio, la Pyrotechnie, traduit de l'Italien par Jacques Vincent, Paris, 1572, folio 164.

36.	Essai sur de prétendues découvertes nouvelles, in-8, 1803.

37.	Voir notre ouvrage : l'Année scientifique et industrielle 12e année (1867), pages 192-196.

38.	Traduit par M. L. Jaulin, in-8°, Paris, 1864.

39.	La poudre à tirer et ses défauts, par A. Rützky, et O. Grahl, pages 119-120.

NOTES

40.   La poudre à tirer et ses défauts, page 46.

41.   Ibidem, page 50.

42.   La poudre à tirer et ses défauts, page 40.

43.   M. Morel, ingénieur civil, est le premier qui ait préparé du coton-poudre à Paris. Peu de jours après la lecture de la lettre de M. Schönbein à l'Académie, M. Morel montrait à Arago les effets de son coton explosif employé dans les armes. Cet ingénieur ne divulgua pas d'abord les moyens de préparer ce produit : dans la séance du 12 octobre 1846, il se borna à adresser à l'Académie, dans un paquet cacheté, la description de son procédé, pour lequel il avait pris un brevet d'invention. Ce n'est que plus d'un mois après, le 30 novembre 1846, que M. Morel donna à l'Académie communication de ce procédé. Mais à ce moment tout le monde à Paris pouvait préparer du coton-poudre. Par son idée inopportune d'obtenir un brevet d'invention, M. Morel s'était privé de l'honneur d'avoir le premier fait connaître en France le produit signalé par M. Schönbein.

44.   Comptes rendus de l'Académie des sciences, 1846, 2e semestre, p. 80.

45.   Paris, 1852, in-8°, avec planches (extrait du Mémorial de l'artillerie, n° VII).

46.   Comptes rendus de l'Académie des sciences, 22 janvier 1849.

47.   La nouvelle poudre à canon, dite poudre Schultze, par Édouard Schultze, traduit par W. Raymond, Paris, brochure in-8°, 1865.

48.   Annales de physique et de chimie, tome XXIX, page 301.

49.   Annales de physique et de chimie, t. LII, p. 178.

ISBN : 978-1533427052

Louis Figuier

www.ingramcontent.com/pod-product-compliance
Lightning Source LLC
Chambersburg PA
CBHW070319190526
45169CB00005B/1666